面向新工科普通高等教育系列教材

信号与系统实验

许凤慧 主 编
龚 晶 卢 娟 副主编
朱 莹 王 渊 参 编

机械工业出版社

"信号与系统实验"是电子信息类相关专业的一门基础实验课程。本书紧密结合"信号与系统"课程理论教学,力求通过实验课程的开设培养学生的创新思维和工程实践能力。

本书共5章,主要内容包括MATLAB的基础与应用、信号与系统常用仪表的使用、MATLAB辅助设计与仿真分析实验、信号与系统基本操作实验、综合应用型实验。

本书对实验基本原理的介绍简明扼要,涉及的计算机软件知识通俗易懂。本书提供大量的典型例题程序,并布置相应的实验内容和设计课题,适合实验教学。

本书可作为本科院校电子信息类相关专业的信号与系统实验用书,也可作为自动化类、计算机类相关专业的实验设计参考书。

图书在版编目(CIP)数据

信号与系统实验/许凤慧主编. —北京:机械工业出版社,2022.12
(2024.1重印)
面向新工科普通高等教育系列教材
ISBN 978-7-111-72228-1

Ⅰ. ①信… Ⅱ. ①许… Ⅲ. ①信号理论-高等学校-教材 ②信号系统-实验-高等学校-教材 Ⅳ. ①TN911.6-33

中国版本图书馆 CIP 数据核字(2022)第 252580 号

机械工业出版社(北京市百万庄大街22号 邮政编码100037)
策划编辑:秦 菲   责任编辑:秦 菲
责任校对:郑 婕 王 延 责任印制:邵 敏
中煤(北京)印务有限公司印刷
2024年1月第1版第2次印刷
184mm×260mm · 14印张 · 343千字
标准书号:ISBN 978-7-111-72228-1
定价:59.00元

电话服务   网络服务
客服电话:010-88361066   机 工 官 网:www.cmpbook.com
         010-88379833   机 工 官 博:weibo.com/cmp1952
         010-68326294   金 书 网:www.golden-book.com
封底无防伪标均为盗版   机工教育服务网:www.cmpedu.com

前　　言

"信号与系统实验"是电子信息类相关专业的必修实验课程。该实验课程以电路分析基础实验课程为基础，是后续数字信号处理、语音处理、现代通信系统等专业基础课的先导课程。学好这门课程，可以更好地理解信号与系统的基本理论，更快地提高学生的实际动手能力。

随着大规模集成电路和计算机技术的发展，信号与信息处理以及相关学科与计算机的联系越来越紧密，这不但体现在学科本身的建设上，而且影响这些专业学科教学的全过程。MATLAB是对"信号与系统"课程的学习非常有帮助的辅助设计、分析和测试工具。因此，作为专业基础教学的实验课程，"信号与系统实验"课程不但要把许多基本的实验方法和手段教给学生，而且要把MATLAB这种有效的新型实验方法介绍给学生，使他们开拓思路，勇于实践，提高认识问题和解决问题的能力，更好地理解和掌握信号与系统的理论知识。

本着上述目的，根据多年的教学经验和相关专业设置的特点，借鉴兄弟院校教学改革的成功经验，我们编写了本实验教材。

本书分为5章，能够满足30~40学时的教学任务。

第1章和第2章为工具介绍，包含MATLAB的基础与应用，以及信号与系统常用仪表的使用。

第3~5章为实验部分，包含MATLAB辅助设计与仿真分析实验、信号与系统基本操作实验和综合应用型实验。

本书由许凤慧、龚晶、卢娟、朱莹和王渊编写。课程组的其他老师对本书的编写给予了大力支持，提出了很多宝贵意见，在此表示衷心感谢。

由于编者水平有限，书中难免存在疏漏之处，敬请读者批评指正。

编　者

目 录

前言
第1章 MATLAB 的基础与应用 ………………………………………………………… 1
1.1 MATLAB 简介 …………………………………………………………………… 1
1.2 MATLAB 的基本操作和使用方法 ………………………………………………… 2
   1.2.1 MATLAB 的工作环境 …………………………………………………… 2
   1.2.2 MATLAB 的基本语法 …………………………………………………… 3
   1.2.3 MATLAB 的上机操作与实践 …………………………………………… 14
1.3 Simulink 的基本操作与使用方法 ………………………………………………… 18
   1.3.1 Simulink 环境启动 ……………………………………………………… 18
   1.3.2 Simulink 的模块 ………………………………………………………… 20
   1.3.3 Simulink 仿真过程 ……………………………………………………… 25

第2章 信号与系统常用仪表的使用 …………………………………………………… 29
2.1 信号发生器 ……………………………………………………………………… 29
   2.1.1 信号发生器的分类和需要满足的要求 ………………………………… 29
   2.1.2 AFG1022 型任意波形/函数信号发生器 ……………………………… 29
2.2 数字示波器 ……………………………………………………………………… 31
   2.2.1 通用示波器的组成和工作原理 ………………………………………… 31
   2.2.2 TBS1072B-EDU 型数字存储示波器 …………………………………… 36
2.3 交流毫伏表 ……………………………………………………………………… 38
   2.3.1 交流毫伏表的组成和工作原理 ………………………………………… 38
   2.3.2 TH1912 型交流毫伏表 ………………………………………………… 39
2.4 选频电平表 ……………………………………………………………………… 40
   2.4.1 选频电平表的工作原理、使用与调整 ………………………………… 40
   2.4.2 HX—D21 型选频电平电压表 ………………………………………… 41

第3章 MATLAB 辅助设计与仿真分析实验 …………………………………………… 45
3.1 信号的产生 ……………………………………………………………………… 45
   3.1.1 实验目的 ………………………………………………………………… 45
   3.1.2 实验涉及的 MATLAB 子函数 ………………………………………… 45
   3.1.3 实验原理 ………………………………………………………………… 46
   3.1.4 实验准备 ………………………………………………………………… 57
   3.1.5 实验任务 ………………………………………………………………… 57
   3.1.6 实验报告 ………………………………………………………………… 58
3.2 信号的时域运算 ………………………………………………………………… 58
   3.2.1 实验目的 ………………………………………………………………… 58

3.2.2　实验涉及的 MATLAB 子函数 ·· 58
　　3.2.3　实验原理 ·· 59
　　3.2.4　实验准备 ·· 64
　　3.2.5　实验任务 ·· 64
　　3.2.6　实验报告 ·· 64
3.3　连续时间信号的傅里叶分析 ··· 64
　　3.3.1　实验目的 ·· 64
　　3.3.2　实验涉及的 MATLAB 子函数 ·· 65
　　3.3.3　实验原理 ·· 65
　　3.3.4　实验准备 ·· 70
　　3.3.5　实验任务 ·· 70
　　3.3.6　实验报告 ·· 71
3.4　离散时间信号的频谱分析 ··· 71
　　3.4.1　实验目的 ·· 71
　　3.4.2　实验涉及的 MATLAB 子函数 ·· 71
　　3.4.3　实验原理 ·· 72
　　3.4.4　实验准备 ·· 74
　　3.4.5　实验任务 ·· 74
　　3.4.6　实验报告 ·· 74
3.5　信号的调制与解调 ·· 75
　　3.5.1　实验目的 ·· 75
　　3.5.2　实验涉及的 MATLAB 子函数 ·· 75
　　3.5.3　实验原理 ·· 75
　　3.5.4　实验准备 ·· 79
　　3.5.5　实验任务 ·· 79
　　3.5.6　实验报告 ·· 80
3.6　信号的时域抽样与重建 ··· 80
　　3.6.1　实验目的 ·· 80
　　3.6.2　实验原理 ·· 80
　　3.6.3　实验准备 ·· 85
　　3.6.4　实验任务 ·· 85
　　3.6.5　实验报告 ·· 85
3.7　信号的拉普拉斯变换 ·· 86
　　3.7.1　实验目的 ·· 86
　　3.7.2　实验涉及的 MATLAB 子函数 ·· 86
　　3.7.3　实验原理 ·· 86
　　3.7.4　实验准备 ·· 90
　　3.7.5　实验任务 ·· 90
　　3.7.6　实验报告 ·· 90

3.8 Z变换及其应用 …………………………………………………………… 90
　　3.8.1 实验目的 ………………………………………………………… 90
　　3.8.2 实验涉及的 MATLAB 子函数 ………………………………… 91
　　3.8.3 实验原理 ………………………………………………………… 91
　　3.8.4 实验准备 ………………………………………………………… 97
　　3.8.5 实验任务 ………………………………………………………… 98
　　3.8.6 实验报告 ………………………………………………………… 98
3.9 连续时间系统的冲激响应与阶跃响应 ………………………………… 98
　　3.9.1 实验目的 ………………………………………………………… 98
　　3.9.2 实验涉及的 MATLAB 子函数 ………………………………… 98
　　3.9.3 实验原理 ………………………………………………………… 99
　　3.9.4 实验准备 ………………………………………………………… 102
　　3.9.5 实验任务 ………………………………………………………… 102
　　3.9.6 实验报告 ………………………………………………………… 102
3.10 卷积的应用 …………………………………………………………… 103
　　3.10.1 实验目的 ……………………………………………………… 103
　　3.10.2 实验涉及的 MATLAB 子函数 ……………………………… 103
　　3.10.3 实验原理 ……………………………………………………… 103
　　3.10.4 实验准备 ……………………………………………………… 107
　　3.10.5 实验任务 ……………………………………………………… 108
　　3.10.6 实验报告 ……………………………………………………… 108
3.11 连续时间系统的频率响应 …………………………………………… 108
　　3.11.1 实验目的 ……………………………………………………… 108
　　3.11.2 实验涉及的 MATLAB 子函数 ……………………………… 109
　　3.11.3 实验原理 ……………………………………………………… 109
　　3.11.4 实验准备 ……………………………………………………… 115
　　3.11.5 实验任务 ……………………………………………………… 115
　　3.11.6 实验报告 ……………………………………………………… 116
3.12 连续时间系统的零极点分析 ………………………………………… 116
　　3.12.1 实验目的 ……………………………………………………… 116
　　3.12.2 实验涉及的 MATLAB 子函数 ……………………………… 116
　　3.12.3 实验原理 ……………………………………………………… 117
　　3.12.4 实验准备 ……………………………………………………… 124
　　3.12.5 实验任务 ……………………………………………………… 124
　　3.12.6 实验报告 ……………………………………………………… 124
3.13 离散时间系统的零极点分析 ………………………………………… 125
　　3.13.1 实验目的 ……………………………………………………… 125
　　3.13.2 实验涉及的 MATLAB 子函数 ……………………………… 125
　　3.13.3 实验原理 ……………………………………………………… 125

  3.13.4 实验准备 ··· *131*

  3.13.5 实验任务 ··· *131*

  3.13.6 实验报告 ··· *131*

第4章 信号与系统基本操作实验 ·· *132*

4.1 连续时间信号的测量 ·· *132*

  4.1.1 实验目的 ··· *132*

  4.1.2 实验原理 ··· *132*

  4.1.3 实验准备 ··· *133*

  4.1.4 实验器材 ··· *133*

  4.1.5 实验任务 ··· *133*

  4.1.6 实验要求与注意事项 ·· *134*

  4.1.7 实验报告 ··· *135*

4.2 信号的频谱测量 ·· *135*

  4.2.1 实验目的 ··· *135*

  4.2.2 实验原理 ··· *135*

  4.2.3 实验准备 ··· *139*

  4.2.4 实验设备 ··· *139*

  4.2.5 实验任务 ··· *139*

  4.2.6 实验要求与注意事项 ·· *144*

  4.2.7 实验报告 ··· *145*

4.3 矩形信号的分解与合成 ·· *145*

  4.3.1 实验目的 ··· *145*

  4.3.2 实验原理 ··· *145*

  4.3.3 实验准备 ··· *147*

  4.3.4 实验器材 ··· *147*

  4.3.5 实验任务 ··· *147*

  4.3.6 实验要求与注意事项 ·· *148*

  4.3.7 实验报告 ··· *149*

4.4 验证抽样定理（奈奎斯特定理）与信号的恢复 ·· *149*

  4.4.1 实验目的 ··· *149*

  4.4.2 实验原理 ··· *149*

  4.4.3 实验准备 ··· *152*

  4.4.4 实验器材 ··· *152*

  4.4.5 实验任务 ··· *152*

  4.4.6 实验要求与注意事项 ·· *154*

  4.4.7 实验报告 ··· *154*

4.5 系统频率响应的测量 ··· *154*

  4.5.1 实验目的 ··· *154*

  4.5.2 实验原理 ··· *154*

  4.5.3 实验准备 ··· *157*
  4.5.4 实验器材 ··· *157*
  4.5.5 实验任务 ··· *157*
  4.5.6 实验要求与注意事项 ··· *160*
  4.5.7 实验报告 ··· *160*
 4.6 连续时间系统的模拟 ·· *160*
  4.6.1 实验目的 ··· *160*
  4.6.2 实验原理 ··· *160*
  4.6.3 实验准备 ··· *163*
  4.6.4 实验器材 ··· *163*
  4.6.5 实验任务 ··· *164*
  4.6.6 实验要求与注意事项 ··· *164*
  4.6.7 实验报告 ··· *164*
 4.7 无源 *RC* 滤波器和有源 *RC* 滤波器 ··· *165*
  4.7.1 实验目的 ··· *165*
  4.7.2 实验原理 ··· *165*
  4.7.3 实验准备 ··· *167*
  4.7.4 实验器材 ··· *167*
  4.7.5 实验任务 ··· *167*
  4.7.6 实验要求与注意事项 ··· *169*
  4.7.7 实验报告 ··· *169*
 4.8 有源二阶 *RC* 滤波器的传输特性 ·· *169*
  4.8.1 实验目的 ··· *169*
  4.8.2 实验原理 ··· *170*
  4.8.3 实验准备 ··· *171*
  4.8.4 实验仪器 ··· *171*
  4.8.5 实验任务 ··· *172*
  4.8.6 实验要求与注意事项 ··· *173*
  4.8.7 实验报告 ··· *173*
第 5 章　综合应用型实验 ··· *174*
 5.1 电话拨号音仿真 ·· *174*
  5.1.1 实验目的 ··· *174*
  5.1.2 实验原理 ··· *174*
  5.1.3 实验研究任务 ··· *174*
 5.2 IIR 数字滤波器的设计 ·· *176*
  5.2.1 实验目的 ··· *176*
  5.2.2 实验原理 ··· *176*
  5.2.3 实验研究任务 ··· *179*
 5.3 FIR 数字滤波器的设计 ·· *187*

5.3.1 实验目的 ……………………………………………………………………… 187
5.3.2 实验原理 ……………………………………………………………………… 187
5.3.3 实验研究任务 ………………………………………………………………… 189
5.4 RLC 电路系统的线性和时不变性的 Simulink 仿真 …………………………………… 198
5.4.1 实验目的 ……………………………………………………………………… 198
5.4.2 实验原理 ……………………………………………………………………… 198
5.4.3 实验研究任务 ………………………………………………………………… 198
5.5 双音多频信号的产生与解码的 Simulink 仿真 ………………………………………… 200
5.5.1 实验目的 ……………………………………………………………………… 200
5.5.2 实验原理 ……………………………………………………………………… 200
5.5.3 实验研究任务 ………………………………………………………………… 200
5.6 PID 控制的 Simulink 仿真 ……………………………………………………………… 204
5.6.1 实验目的 ……………………………………………………………………… 204
5.6.2 实验原理 ……………………………………………………………………… 204
5.6.3 实验研究任务 ………………………………………………………………… 204
5.7 图像信号基本处理的 Simulink 仿真 …………………………………………………… 206
5.7.1 实验目的 ……………………………………………………………………… 206
5.7.2 实验原理 ……………………………………………………………………… 206
5.7.3 实验研究任务 ………………………………………………………………… 208

参考文献 ……………………………………………………………………………………… 213

第1章 MATLAB 的基础与应用

1.1 MATLAB 简介

MATLAB 俗称"矩阵实验室",是 Matrix Laboratory 的缩写,是以矩阵计算为基础的交互式科学及工程计算软件,功能强大,能够满足多学科应用要求。MATLAB 将高性能的数值计算和可视化集成环境集成在一起,并提供了大量的内置函数,目前已在线性代数、矩阵分析、数值及优化、数理统计和随机信号分析、电路与系统、系统动力学、信号和图像处理、控制理论分析和系统设计、过程控制、建模和仿真、通信系统、神经网络、小波分析、金融分析等领域得到了广泛的应用,用于教学、科研和解决各种实际问题。

MATLAB 软件系统主要由 MATLAB 主体、Simulink 和工具箱三部分组成。

1. MATLAB 主体

MATLAB 主体主要包括以下 5 个部分。

1）MATLAB 语言。MATLAB 语言是一种基于矩阵/数组的高级语言,它具有流程控制语句、函数、数据结构、输入/输出以及面向对象的程序设计特性。利用 MATLAB 语言,可以迅速地建立临时性的小程序,也可以建立复杂的大型应用程序。

2）MATLAB 工作环境。MATLAB 工作环境中集成了许多工具和程序,用户用工作环境中提供的功能可以完成相应的工作。MATLAB 工作环境向用户提供了管理工作空间内的变量以及输入、输出数据的功能,并向用户提供了不同工具,以开发、管理、调试 M 文件和 MATLAB 应用程序。

3）句柄图形。句柄图形是 MATLAB 的图形系统。它包括一些高级命令,用于实现二维和三维数据可视化、图像处理、动画等功能；还有一些低级命令,用于图形的显示以及建立 MATLAB 应用程序的图形用户界面。

4）MATLAB 数学函数库。MATLAB 数学函数库是数学算法的一个巨大集合,该函数库既包括求和、正弦、复数运算之类的简单函数,又包含矩阵转置、特征值、贝塞尔函数、快速傅里叶变换等复杂函数。

5）MATLAB 应用程序接口。MATLAB 应用程序接口是一个 MATLAB 语言与 C 和 Fortran 等其他高级语言交互的库,包括读写 MATLAB 数据文件（MATLAB 文件）。

2. Simulink

Simulink 是 MATLAB 软件的扩展,用于实现动态系统的交互式仿真,允许用户在屏幕上绘制框图来模拟一个系统,并能够动态地控制该系统。Simulink 与 MATLAB 语言的主要区别在于,它与用户的交互接口是基于 Windows 的模型化图形输入,其结果是使得用户可以把更多的精力投入系统模型的构建上,而非语言的编程上。

模型化图形输入是指 Simulink 提供了一些按功能分类的基本的系统模块,用户只需要知道这些模块的输入/输出以及模块的功能，而不必知道模块内部是如何实现的。通过对这些基本模块的调用并将它们连接起来，我们就可以构建所需的系统模型（以.mdl文件进行存取），进而进行仿真与分析。

3. MATLAB 工具箱

MATLAB 工具箱是用来解决各个领域特定问题的函数库。它是开放式的，用户可以直接应用，也可以根据自己的需要进行扩展。MATLAB 的工具箱为用户提供了丰富且实用的资源，涵盖了科学研究的很多门类。目前，已经有涉及数学、控制、通信、信号处理、图像处理、经济、地理等多种学科的 20 多种 MATLAB 工具箱投入应用。

1.2 MATLAB 的基本操作和使用方法

1.2.1 MATLAB 的工作环境

MATLAB 的工作环境主要由命令窗口（Command Window）、文本编辑器（File Editor）、若干图形窗口（Figure Window）和文件管理器组成。MATLAB 视窗采用了 Windows 操作系统视窗风格，如图 1-1 所示，图中从左到右的三个窗口分别是命令窗口、文本编辑器和图形窗口。各视窗之间的切换可用快捷键〈Alt+Tab〉。

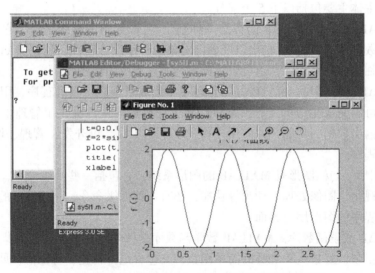

图 1-1　MATLAB 的命令窗口、文本编辑器和图形窗口

使用 MATLAB 时，可在 Windows 主界面上直接单击 MATLAB 图标，进入 MATLAB 命令窗口。在 MATLAB 命令窗口中，输入一条命令，按〈Enter〉键，该指令就会被立即执行并显示结果。

如果一个程序稍复杂一些，则需要采用文件方式，即把程序写成一个由多条语句构成的文件。这时就需要用到文本编辑器。建立一个新文件，应在 MATLAB 命令窗口中单击"空白文档"图标按钮或在"File"菜单中单击"New"，将打开 MATLAB 文本编辑器，显示一个空白文档。对于已经存在的文件，单击"打开文件"图标按钮或单击"File"菜单中的

"Open"，会自动进入文件选择窗口，找到文件后选择并打开，即可进入 MATLAB 文本编辑器。在 MATLAB 文本编辑器中建立的文件的默认扩展名为 .m。

如果要建立的文件是 M 函数文件，即希望它能像 MATLAB 中的库函数那样被其他程序调用，则文件中的第一句应是函数声明行。函数声明行是 M 函数文件必不可少的一部分，如

```
function [y,w]=func01(x,t)
```

其中，function 为 MATLAB 关键字；[ ]放置输出变量；( )放置输入变量；func01 为函数名。当其他程序调用该函数时，只需要在程序中直接使用 function 关键字后面的部分。

程序执行的结果以图形方式显示时，将自动打开图形窗口。在程序中，图形窗口命令为 figure(n)。MATLAB 允许打开多个图形窗口。如果程序中没有对图形窗口编号，则将按程序执行的顺序自动给图形窗口编号。

MATLAB 命令窗口还具有许多文件管理功能。例如，如果编写的文件放在一个专门的文件夹中，则需要将这个文件夹的路径存入 MATLAB 路径管理器，否则，这个文件夹中的文件将不能在 MATLAB 环境下执行。在 MATLAB 命令窗口的"File"中，选择"set Path"，将打开一个路径设置窗口。在这个窗口的"Path"菜单中，选择"Add to Path"，找到需要的文件夹，列入 MATLAB 路径，将该路径保存（Save）即可。

MATLAB 提供了许多演示程序，可供使用者参考学习。在 MATLAB 命令窗口中，输入 demo，将出现 MATLAB 演示图形窗口，使用者可根据提示进行操作。通常，该窗口的上半部是图形，下半部是相应的 MATLAB 程序语句。使用者可以在该窗口中直接修改其中的程序语句并执行，然后观察结果。因此，演示程序是一个很好的学习辅助手段。

1.2.2 MATLAB 的基本语法

在 MATLAB 中，变量和常量的标识符最多为 19 个字符，标识符的第一个字符必须是英文字母。MATLAB 区分大小写，默认状态下，A 和 a 被认为是两个不同的字符。

1. 数组和矩阵

（1）数组的赋值

数组是指一组实数或复数排成的长方形阵列。它可以是一维的"行"或"列"，可以是二维的"矩形"，也可以具有三维甚至更高维数。MATLAB 中的变量和常量都可表示为数组，变量数组赋值语句的一般形式为

$$变量=表达式(或数)$$

例如，输入 a=[1,2,3;4,5,6;7,8,9]，将显示

```
a = 1    2    3
    4    5    6
    7    8    9
```

例如，输入 X=[-3.5,sin(6*pi),8/5*(3+4),sqrt(2)]，将显示

```
X = -3.5000    -0.0000    11.2000    1.4142
```

其中，数组元素放置在[ ]中，数组元素用空格或逗号","分隔，数组行用分号";"或按〈Enter〉键分隔。

(2) 复数

MATLAB 中的每一个元素都可以是复数，实数是复数的特例。复数的虚部用 i 或 j 表示。复数的赋值形式有如下两种：

```
z=[1+1i,2+2i;3+3i,4+4i]
z=[1,2;3,4]+[1,2;3,4]*i
```

得

```
z = 1.000+1.000i   2.000+2.000i
    3.000+3.000i   4.000+4.000i
```

上述两种形式的运算结果相同。注意，第二种形式中的"*"不能省略。

在复数运算中，运算符"'"表示把矩阵做共轭转置，即把矩阵的行和列互换，同时把各元素的虚部反号。函数 conj( ) 表示只把各元素的虚部反号，即只进行共轭。若只想进行转置而不进行共轭，就把 conj( ) 和"'"结合使用。例如，输入

```
w=z',u=conj(z),v=conj(z)'
```

可得

```
w = 1.000-1.000i   3.000-3.000i
    2.000-2.000i   4.000-4.000i
u = 1.000-1.000i   2.000-2.000i
    3.000-3.000i   4.000-4.000i
v = 1.000+1.000i   3.000+3.000i
    2.000+2.000i   4.000+4.000i
```

(3) 子数组的寻访和赋值格式

常用子数组的寻访、赋值格式如表 1-1 所示。

表 1-1　常用子数组的寻访、赋值格式

子数组的寻访和赋值格式	使用说明
a(r,c)	由 a 的"r 指定行"和"c 指定列"上的元素组成的子数组
a(r,:)	由 a 的"r 指定行"和"全部列"上的元素组成的子数组
a(:,c)	由 a 的"全部行"和"c 指定列"上的元素组成的子数组
a(:)	由 a 的各列按自左到右的次序首尾相接而生成的"一维长列"数组
a(s)	"单下标"寻访。生成"s 指定的"一维数组。若 s 是"行数组"（或"列数组"），则 a(s) 就是长度相同的"行数组"（或"列数组"）

【例 1-1】在命令窗口中，输入 a=[1,2,3;4,5,6;7,8,9]，求 a(1,2)、a(2,:)、a(:,3) 的值。

解：

输入 a(1,2)，将显示

```
ans = 2
```

输入 a(2,:)，将显示

```
ans = 4   5   6
```

输入 a(:,3)，将显示

```
ans = 3
      6
      9
```

(4) 执行数组运算的常用函数

执行数组运算的常用函数有三角函数、双曲函数、指数函数、复数函数、取整函数和求余函数，分别如表 1-2~表 1-5 所示。

表 1-2　三角函数和双曲函数

名　称	含　义	名　称	含　义	名　称	含　义
acos	反余弦	asinh	反双曲正弦	csch	双曲余割
acosh	反双曲余弦	atan	反正切	sec	正割
acot	反余切	atan2	四象限反正切	sech	双曲正割
acoth	反双曲余切	atanh	反双曲正切	sin	正弦
acsc	反余割	cos	余弦	sinh	双曲正弦
acsch	反双曲余割	cosh	双曲余弦	tan	正切
asec	反正割	cot	余切	tanh	双曲正切
asech	反双曲正割	coth	双曲余切		
asin	反正弦	csc	余割		

表 1-3　指数函数

名　称	含　义	名　称	含　义	名　称	含　义
exp	指数	log10	常用对数	pow2	2 的幂
log	自然对数	log2	以 2 为底的对数	sqrt	平方根

说明：表 1-3、表 1-4 中函数的使用形式与其他编程语言相似，如

$$X = \tan(60), \quad Y = 20 * \log(U/0.775), \quad Z = 1 - \exp(-1.5 * t)$$

表 1-4　复数函数

名　称	含　义	名　称	含　义	名　称	含　义
abs	模或绝对值	conj	复数共轭	real	复数实部
angle	相角（弧度）	imag	复数虚部		

【例 1-2】已知 $h = a + jb$，$a = 3$，$b = 4$，求 h 的模、相角、实部和虚部。

解：

输入

```
a = 3
b = 4
h = a + b * j
abs(h)
```

将显示

    ans = 5

输入 `angle(h)`

将显示

    ans = 0.9273

输入 `real(h)`

将显示

    ans = 3

输入 `imag(h)`

将显示

    ans = 4

表 1-5 取整函数和求余函数

名称	含义	名称	含义
ceil	向+∞舍入为整数	rem(a,b)	a 整除 b，求余数
fix	向 0 舍入为整数	round	四舍五入为整数
floor	向-∞舍入为整数	sign	符号函数
mod(x,m)	x 整除 m，取正余数		

【例 1-3】

输入 `ceil(1.45)`

将显示

    ans = 2

输入 `fix(1.45)`

将显示

    ans = 1

输入 `floor(-1.45)`

将显示

    ans = -2

输入 `round(1.45)`

将显示

    ans = 1

输入 `round(1.62)`

将显示

    ans = 2

输入 `mod(-55,7)`

将显示

ans = 1

输入 rem(-55,7)

将显示

ans = -6

(5) 基本赋值数组

MATLAB 中常见的是数组及其运算，常用的基本数组及其运算如表 1-6 所示。

表 1-6 常用的基本数组和数组运算

基 本 数 组			
zeros	全零数组（m×n 阶）	logspace	对数均分向量（1×n 阶数组）
ones	全 1 数组（m×n 阶）	freqspace	频率特性的频率区间
rand	随机数数组（m×n 阶）	meshgrid	画三阶曲面时的 X、Y 网格
randn	正态随机数数组（m×n 阶）	linspace	均分向量（1×n 阶数组）
eye(n)	单位数组（方阵）	:	将元素按列取出并排成一列
特殊变量和函数			
ans	最近的答案	Inf	Infinity（无穷大）
eps	浮点数相对精度	NaN	Not-a-Number（非数）
realmax	最大浮点实数	flops	浮点运算次数
realmin	最小浮点实数	computer	计算机类型
pi	3.14159265358979…	inputname *	输入变量名
i,j	虚数单位	size	多维数组的各维长度
length	一维数组的长度		

为了便于大量赋值，MATLAB 提供了一些基本数组。举例如下：

```
A = ones(2,3);
B = zeros(2,4);
C = eye(3);
```

得

```
A = 1   1   1
    1   1   1
B = 0   0   0   0
    0   0   0   0
C = 1   0   0
    0   1   0
    0   0   1
```

线性分割函数 linspace(a,b,n) 在 a 和 b 之间均匀地产生 n 个点值，形成 1×n 阶向量，如

```
D = linspace(0,1,5)
```

得

```
D = 0   0.2500   0.5000   0.7500   1.0000
```

（6）数组运算和矩阵运算

MATLAB 中的基本运算是矩阵运算，但是，在 MATLAB 的运用过程中，大量使用的是数组运算。从外观形状和数据结构上来看，二维数组和（数学中的）矩阵没有区别。但是，矩阵作为一种变换或映射算子的体现，其运算有着明确而严格的数学规则。而数组运算是 MATLAB 软件所定义的规则，其目的是使数据管理方便、操作简单、指令形式自然简单以及执行计算有效。虽然数组运算尚缺乏严谨的数学推理，仍在完善过程中，但它的作用和影响正随着 MATLAB 的发展而扩大。

为了更清晰地表述数组运算与矩阵运算的区别，我们结合表 1-7 来说明各数组运算指令的含义。假定 $s=2$，$n=3$，$p=1.5$，$A=[1,2,3;4,5,6;7,8,9]$，$B=[2,3,4;5,6,7;8,9,1]$。

表 1-7 举例说明数组运算指令的含义

指 令	含 义	运算结果		
s+A	标量 s 分别与 A 中元素求和	3	4	5
		6	7	8
		9	10	11
A−s	A 中元素分别与标量 s 求差	−1	0	1
		2	3	4
		5	6	7
s.*A	标量 s 分别与 A 中元素求积	2	4	6
		8	10	12
		14	16	18
s./A 或 A.\s	s 分别除 A 中元素	2.0000	1.0000	0.6667
		0.5000	0.4000	0.3333
		0.2857	0.2500	0.2222
A.^n	A 的每个元素自乘 n 次	1	8	27
		64	125	216
		343	512	729
p.^A	以 p 为底，分别以 A 中元素为指数求幂	1.5000	2.2500	3.3750
		5.0625	7.5938	11.3906
		17.0859	25.6289	38.4434
A+B	对应元素相加	3	5	7
		9	11	13
		15	17	10
A−B	对应元素相减	−1	−1	−1
		−1	−1	−1
		−1	−1	8
A.*B	对应元素相乘	2	6	12
		20	30	42
		56	72	9
A./B 或 B.\A	A 中元素除 B 中对应元素	0.5000	0.6667	0.7500
		0.8000	0.8333	0.8571
		0.8750	0.8889	9.0000
exp(A)	以自然数 e 为底，分别以 A 中元素为指数，求幂	1.0e+003 *		
		0.0027	0.0074	0.0201
		0.0546	0.1484	0.4034
		1.0966	2.9810	8.1031

(续)

指 令	含 义	运算结果		
log(A)	对 A 中各元素求对数	0 1.3863 1.9459	0.6931 1.6094 2.0794	1.0986 1.7918 2.1972
sqrt(A)	对 A 中各元素求平方根	1.0000 2.0000 2.6458	1.4142 2.2361 2.8284	1.7321 2.4495 3.0000

【例1-4】 在 MATLAB 程序中，如何表示函数 $x(t)=t\sin 3t$？

解：x=t.*sin(3*t)

【例1-5】 在 MATLAB 程序中，如何表示函数 $X(t)=(\sin 3t)/3t$？

解：X=sinc(3*t)

2. 逻辑判断与流程控制

(1) 关系运算

关系运算是指两个元素之间的数值比较，一共有 6 种比较关系。关系运算符如表 1-8 所示。

关系运算的结果只有两种，即 0 或 1。0 表示结果为"假"，1 表示结果为"真"。

【例1-6】 已知 $A=3+4==7$，得 $A=1$。

【例1-7】 已知 $N=0$，$B=[N==0]$，得 $B=1$。

已知 $N=2$，$B=[N==0]$，得 $B=0$。

表 1-8 关系运算符

运 算 符	含 义	运 算 符	含 义
<	小于	>=	大于或等于
<=	小于或等于	==	等于
>	大于	~=	不等于

(2) 逻辑运算

逻辑运算包括"与"(&)、"或"(|)、"非"(~)和"异或"(xor)，如表 1-9 所示。

表 1-9 逻辑运算

逻辑运算	A=0		A=1	
	B=0	B=1	B=0	B=1
A&B	0	0	0	1
A∣B	0	1	1	1
~A	1	1	0	0
xor(A,B)	0	1	1	0

(3) 基本的流程控制语句

1) if 条件执行语句。

语法格式：
① if　表达式
　　语句
　　end
② if　表达式
　　语句 A
　　else
　　语句 B
　　end
③ if　表达式 1
　　语句 A
　　elseif　表达式 2
　　语句 B
　　else
　　语句 C
　　end

计算机在执行到该语句时，先检验 if 后的逻辑表达式，若表达式为 1，则执行其后的语句；若为 0，则跳过表达式后的语句，继续检验下一条语句，直到遇见 end，才执行 end 后面的语句。

【例 1-8】if 条件执行语句的程序示例。

```
if n<=2
    x=2;
elseif n>3
    x=3;
end
```

若 $n=5$，则结果为

```
x=3
```

2）while 循环语句。

语法格式：while 表达式
　　　　　语句
　　　　　end

计算机在执行到该语句时，先检验 while 后的逻辑表达式，为 1 则执行其后的语句组；到 end 处，它就跳回到 while 的入口，再检验表达式，若仍为 1，则再次执行语句组，直到结果为 0，跳过语句组，直接执行 end 后面的一条语句。

【例 1-9】在 MATLAB 命令窗口中，输入以下程序。

```
while k<=1000
    k=k+1;
end
```

在命令窗口中，输入 k，将显示

```
      k = 1001
```

3）for 循环语句。

语法格式：for k = 初值:增量:终值
　　　　　　语句
　　　　　　end

只要条件成立，语句将重复执行，但每次执行时，程序中的 k 的值不同。注意，增量默认值为1，代码中可省略。

【例 1-10】在 MATLAB 命令窗口中，输入以下程序。

```
y = 0
for k = 1:20
    y = y+k;
end
```

在命令窗口中，输入 y，将显示

```
y = 210
```

4）switch 多分支语句。

语法格式：

```
switch 表达式(标量或字符串)
    case  值 1
        语句 A
    case  值 2
        语句 B
    …
    otherwise
        语句 N
end
```

当表达式的值与某 case 语句中的值相同时，就执行该 case 后的语句，执行后直接跳到 end 处。

3. 基本绘图方法

（1）二维图形函数

MATLAB 语言支持绘制二维图形和三维图形，这里主要介绍常用的图形绘制函数，如表 1-10 所示。

表 1-10　常用图形绘制函数

基本 X-Y 图形			
plot	线性 X-Y 坐标绘图	polar	极坐标绘图
loglog	双对数 X-Y 坐标绘图	plotyy	用左、右两种 Y 坐标绘图
semilogx	半对数 X 坐标绘图	semilogy	半对数 Y 坐标绘图
stem	绘制脉冲图	stairs	绘制阶梯图
bar	绘制条形图		
坐 标 控 制			
axis	控制坐标轴比例和外观	subplot	按平铺位置建立子图轴系
hold	保持当前图形		

(续)

图形注释			
title	标注图名（适用于三维图形）	gtext	用鼠标定位文字
xlabel	X轴标注（适用于三维图形）	legend	标注图例
ylabel	Y轴标注（适用于三维图形）	grid	图上加坐标网格（适用于三维图形）
text	在图上标注文字（适用于三维图形）	fprintf	设置显示格式
打印			
print	打印图形或把图存为文件	orient	设定打印纸方向
printopt	打印机默认选项		
常用的三维曲线绘制命令			
plot3	在三维空间中画点和线	mesh	三维网格图
fill3	在三维空间中绘制填充多边形	surf	三维曲面图

常用函数的使用说明如下。

1) plot(t,y)表示用线性 X-Y 坐标绘图，X 轴的变量为 t，Y 轴的变量为 y。
2) subplot(2,2,1)表示建立 2×2 子图轴系，并选定图 1。
3) axis([0 1 -0.1 1.2])表示建立一个坐标系，横坐标的范围为 0~1，纵坐标的范围为-0.1~1.2。
4) title('X(n)曲线') 表示在子图上端标注图名。

作图时，线形、点形和颜色的选择可参考表 1-11。

表 1-11 线形、点形和颜色

标志符	b	c	g	k	m	r	w	y
颜 色	蓝	青	绿	黑	品红	红	白	黄
标志符	.	o	×	+	-	*	:	-.	--
线形、点形	点	圆圈	叉号	加号	实线	星号	点线	点画线	虚线

(2) 举例

下面举例说明二维图形绘制函数在程序中的使用方法。

【例 1-11】绘制一条曲线 $y = e^{-0.1t}\sin t (0 < t < 4\pi)$。

解：曲线绘制程序如下，绘制的四种不同形式的曲线图如图 1-2 所示。

```
t=0:0.5:4*pi;                %将 t 在 0 到 4π 间每间隔 0.5 取一点
y=exp(-0.1*t).*sin(t);       %建立曲线
subplot(2,2,1),plot(t,y);    %建立 2×2 子图轴系，在图①处绘制线性图
title('plot(t,y)');          %标注图名
subplot(2,2,2),stem(t,y);    %在 2×2 子图轴系②处绘制脉冲图
title('stem(t,y)');
subplot(2,2,3),stairs(t,y);  %在 2×2 子图轴系③处绘制阶梯图
title('stairs(t,y)');
subplot(2,2,4),bar(t,y);     %在 2×2 子图轴系④处绘制条形图
title('bar(t,y)');
```

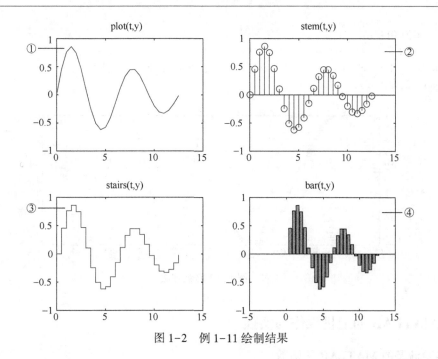

图 1-2 例 1-11 绘制结果

【例 1-12】已知 $y_1=\sin2\pi t$，$y_2=\cos4\pi t$，在同一坐标系中，绘制上述两条曲线，并用不同的颜色和线形区分。

解：

方法一：将同时显示曲线的 y_1 和 y_2 列入数组，t 必须等长。显示的线形和颜色不能任意选择，结果如图 1-3 所示。

```
t=0:0.01:2;
y1=sin(2*pi*t);
y2=cos(4*pi*t);
plot(t,[y1;y2]);
```

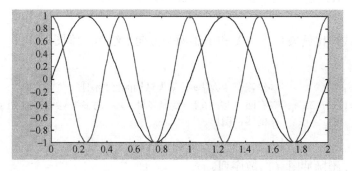

图 1-3 例 1-12 的解题方法一

方法二：显示曲线的 t 不必等长，显示的线形和颜色能任意选择。作图时，先画第一条曲线，再画第二条曲线，结果如图 1-4 所示。

```
t1=0:0.01:1;
y1=sin(2*pi*t1);
```

```
t2=0:0.01:2;
y2=cos(4*pi*t2);
plot(t1,y1,'*m'),hold;        %先画第一条曲线,再画第二条曲线
plot(t2,y2,'+b');
```

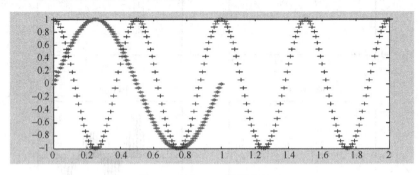

图1-4　例1-12解题方法二

1.2.3　MATLAB 的上机操作与实践

1. 实验涉及的 MATLAB 子函数

（1）abs

功能：求绝对值（幅值）。

调用格式：

```
y=abs(x);        %用于计算 x 的绝对值
```

当 x 为复数时，得到的是复数模（幅值），即

$$\mathrm{abs}(x)=\sqrt{[\mathrm{Re}(x)]^2+[\mathrm{Im}(x)]^2}$$

当 x 为字符串时，abs(x)得到字符串的各个字符的 ASCⅡ码。例如，$x=$ '123'，则 abs(x)= 49　50　51。输入 abs('abc')，则 ans=97　98　99。

（2）plot

功能：按照线性比例关系，在 X 和 Y 轴两个方向上绘制二维图形。

调用格式：

```
plot(x,y);              %绘制以 x 为横轴,y 为纵轴的线性图形
plot(x1,y1,x2,y2...);   %在同一坐标系上,绘制多组 x 元素对多组 y 元素(x1 对 y1,x2 对 y2……)
                        %的线性图形
```

（3）stem

功能：绘制二维脉冲图（离散序列）。

调用格式：

```
stem(x,y);        %绘制以 x 为横轴,y 为纵轴的脉冲图
```

（4）stairs

功能：绘制二维阶梯图。

调用格式：

　　　　stairs(x,y);　　　　%绘制以 x 为横轴，y 为纵轴的阶梯图

（5）bar

功能：绘制二维条形图。

调用格式：

　　　　bar(x,y);　　　　%绘制以 x 为横轴，y 为纵轴的条形图

（6）subplot

功能：建立子图轴系，在同一图形界面上，产生多个绘图区间。

调用格式：

　　　　%在同一图形界面上，产生一个 m 行 n 列的子图轴系，在第 i 个子图位置上作图
　　　　subplot(m,n,i);

（7）title

功能：在图形的上方标注图名。

调用格式：

　　　　%在图形的上方，标注由字符串表示的图名，其中 string 的内容可以是中文或英文
　　　　title('string');

（8）xlabel

功能：在横坐标的下方标注说明。

调用格式：

　　　　xlabel('string');　　　　%在横坐标的下方标注说明，其中 string 的内容可以是中文或英文

（9）ylabel

功能：在纵坐标的左侧标注说明。

调用格式：

　　　　ylabel('string');　　　　%在纵坐标的左侧标注说明，其中 string 的内容可以是中文或英文

2. 实验内容

（1）简单的数组赋值方法

1）MATLAB 中的变量和常量都可以表示为数组（或矩阵），且每个元素都可以是复数。默认情况下，MATLAB 认为 A 与 a 是两个不同的变量。

在 MATLAB 命令窗口中，先输入数组 A=[1,2,3;4,5,6;7,8,9]，再输入下列语句并观察输出结果。

```
A(4,2)= 11
A(5,:)=[-13  -14  -15]
A(4,3)= abs(A(5,1))
A([2,5],:)=[ ]
A/2
A(4,:)=[sqrt(3)  (4+5)/6*2  -7]
```

观察以上各式的输出结果，并在每式的后面标注其含义。

2）在 MATLAB 命令窗口中，输入 B=[1+2i,3+4i;5+6i,7+8i]，观察其输出结果；输入 C=[1,3;5,7]+[2,4;6,8]*i，观察其输出结果。如果 C 中 i 前的星号省略，结果如何？

输入

```
D = sqrt(2+3i)
D * D
E = C', F = conj(C), G = conj(C)'
```

观察以上各式的输出结果,并在每式的后面标注其含义。

3) 在 MATLAB 指令窗口中,输入 H1 = ones(3,2), H2 = zeros(2,3), H3 = eye(4),观察其输出结果。

(2) 数组的基本运算

1) 输入 A = [1 3 5], B = [2 4 6]:

求 C = A+B, D = A-2, E = B-A;

2) 求 F1 = A*3, F2 = A.*B, F3 = A./B, F4 = A.\B, F5 = B.\A, F6 = B.^A, F7 = 2./B, F8 = B.\2;

*3) 求 Z1 = A*B', Z2 = B'*A。

观察以上各式输出结果,比较各种运算的区别,理解其含义。

(3) 常用函数及相应的信号波形显示

【例 1-13】 绘制曲线 $f(t) = 2\sin(2\pi t)$ ($t>0$)。

解:1) 打开文本编辑器。

2) 输入

```
t = 0:0.01:3;
f = 2*sin(2*pi*t);
plot(t,f);
title('f(t)-t 曲线');
xlabel('t'),ylabel('f(t)');
```

3) 单击"保存"图标按钮,输入文件名 L1 (扩展名默认为 .M)。

4) 在 MATLAB 命令窗口中,输入 L1 并按回车键,程序将开始运行,待图形窗口打开后,将观察到相应的波形曲线,如图 1-5 所示。

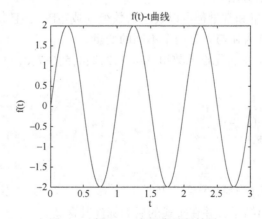

图 1-5 例 1-13 中程序运行结果

【**例1-14**】先保留例1-13所示程序段的前两条语句,再输入下列程序段,观察结果。

```
subplot(2,2,1),plot(t,f);
title('plot(t,f)');
subplot(2,2,2),stem(t,f);
title('stem(t,f)');
subplot(2,2,3),stairs(t,f);
title('stairs(t,f)');
subplot(2,2,4),bar(t,f);
title('bar(t,f)');
```

运行结果如图1-6所示。

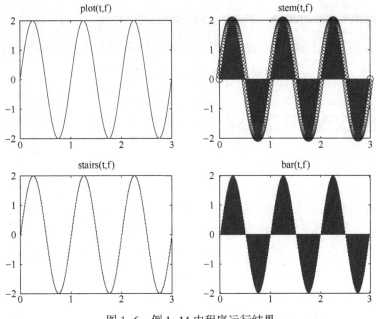

图1-6 例1-14中程序运行结果

(4) 简单的流程控制编程

【**例1-15**】利用 MATLAB 程序计算下列公式的值:

$$X = \sum_{n=1}^{32} n^2 = 1^2 + 2^2 + 3^2 + 4^2 + \cdots + n^2$$

解:在文本编辑器中,输入

```
x=0;
for n=1:32
    x=x+n^2;
end
```

在命令窗口中,输入程序变量名 x,并按回车键确认,观察结果。

1.3　Simulink 的基本操作与使用方法

Simulink 是 Simulate（仿真）和 link（连接）两个词的组合，它是 MATLAB 提供的模块化建模与仿真工具。Simulink 针对信号处理、通信、控制、视频处理和图像处理等多类系统，提供了交互式图形化环境和可定制的模块库，可对系统进行设计、仿真、执行和测试。

1.3.1　Simulink 环境启动

MATLAB 的"主页"工具栏如图 1-7 所示。单击该工具栏中的"Simulink"按钮，即可启动 Simulink 环境。Simulink 的启动窗口如图 1-8 所示。

图 1-7　MATLAB 的"主页"工具栏

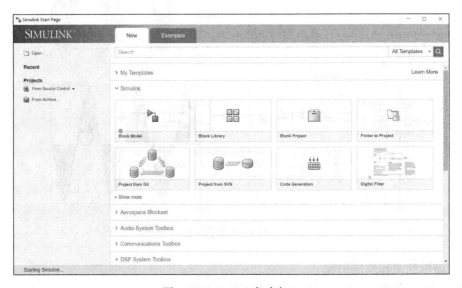

图 1-8　Simulink 启动窗口

在 Simulink 启动窗口的"My Templates"（我的模板）中，用户可选择使用自建的 Simulink 模板。若用户想新建一个 Simulink 模型，则可以选择"Blank Model"选项，打开的空白模型窗口如图 1-9 所示。

单击"View"菜单，选择"Library Browser"，可以打开 Simulink 的模块库，如图 1-10 所示。

除通过工具栏的方式打开 Simulink 以外，还可以通过调用 MATLAB 命令启动 Simulink。在 MATLAB 主界面的命令行窗口中，输入命令 open_systems('simulink')，可以打开如图 1-11 所示的模块库窗口。

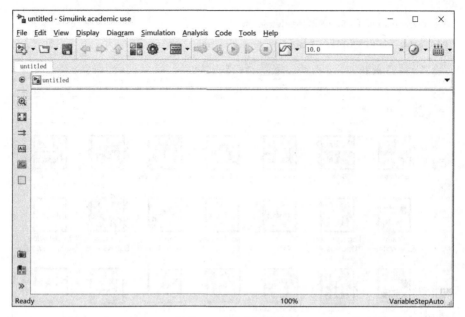

图 1-9 空白模型窗口

图 1-10 Simulink 的模块库

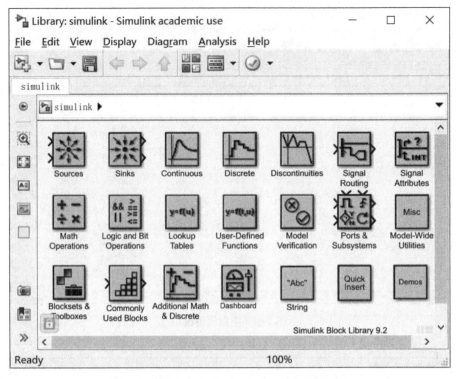

图 1-11　以命令方式打开的 Simulink 的模块库

1.3.2　Simulink 的模块

　　Simulink 是利用框图编程的系统仿真软件，它提供了多种系统建模模块，这些模块可分为两大类，一类是 Simulink 基本模块，主要包括常用模块、连续时间函数模块、离散时间函数模块、信号源模块、数学运算模块、数据输出显示模块、逻辑控制器模块、查表模块和用户自定义模块等；另一类是相关领域的应用模块，主要包括通信模块、数字信号处理模块、系统识别模块、神经网络模块、模糊逻辑模块等。用户可根据实际问题背景与模型需要，选择不同的模块进行设计与仿真。通过 Simulink 的库浏览器，用户便可从庞大的模块库中快速查询到所需模块，然后利用鼠标将选取的模块拖拽至 Simulink 的模型编辑框中，即可建立从非常简单的系统模型到极为复杂的系统模型。本书以 5 类常用的模块为例进行介绍。

1. 信号源模块

　　双击图 1-11 中的"Sources"模块图标，可以打开信号源模块界面，其中包含的子模块如图 1-12 所示。

　　信号源模块中有下列 5 种常用的子模块。

　　1) Constant 子模块：用于生成常数值输入信号。双击该模块，可以进行参数设置，如图 1-13 所示。其中，"Constant value"可用于输入常数值；"Sample time"为信号的采样周期，如果输入 0，或者使用默认的 inf，则自动生成连续信号。

　　2) Step 子模块：用于生成阶跃信号。其参数有 Step time（跳变时间）、Initial value（初值）和 Final value（终值）。

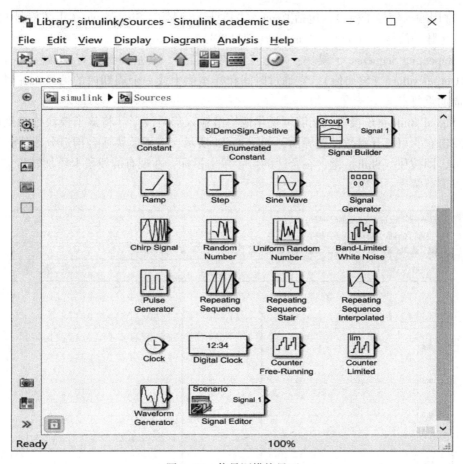

图 1-12　信号源模块界面

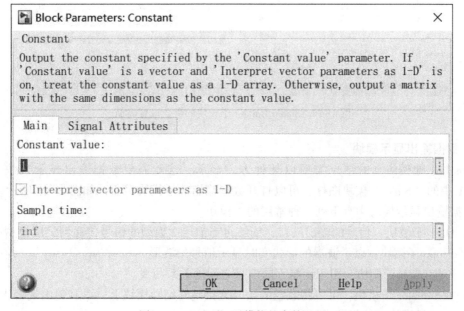

图 1-13　Constant 子模块的参数设置

3）常用输入信号子模块，包括 Ramp（"斜坡"信号）、Sine Wave（正弦信号）、Pulse Generator（脉冲信号）、Random Number（随机信号）。

4）Repeating Sequence 子模块：用于产生周期信号。其主要参数有 Time values（时间值）和 Output values（输出值）。它通过时间和样本值生成一个周期内的信号，并以此为基准进行周期重复。

5）Signal Builder 子模块：能够可视化地构造输入信号波形。将该子模块拖拽到模型窗口中，双击它，可打开参数设置界面，如图 1-14 所示。该子模块适合构造分段线性的输入信号波形，即按住〈Shift〉键，在合适的位置单击鼠标，在现有的线段上添加转折点，拖动鼠标可以调节幅度。

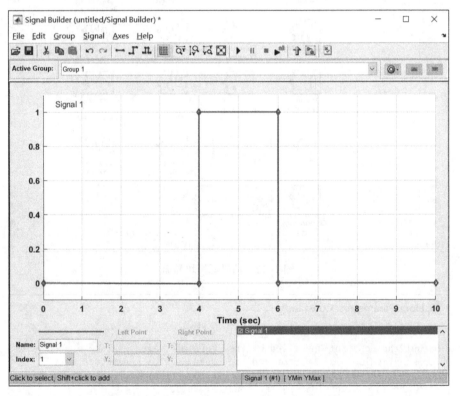

图 1-14　Signal Builder 子模块的参数设置界面

2. 数据输出显示模块

Simulink 建模仿真的结果需要以某种方式显示，这就需要数据输出显示模块。双击图 1-11 中的 "Sinks" 模块图标，可以打开数据输出显示模块界面，如图 1-15 所示。

数据输出显示模块中有下列 6 种常用的子模块。

1）Out1 子模块：信号的输出端口，能够将当前层次模型的信号传递到父层模型中。

2）Scope 子模块：以示波器的形式实时显示信号的波形。

3）XY Graph 子模块：用于绘制不同信号之间的关系曲线。

4）Terminator 子模块：可以将悬空的信号连接到终结器模块上，以避免出现警告信息。

5）Stop 子模块：如果该模块的输入为真，则直接终止仿真。

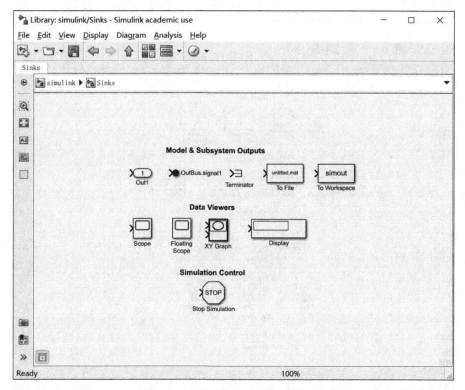

图 1-15　数据输出显示模块界面

6) Display 子模块：按照一定的格式显示输入信号的值。

3. 连续时间函数模块

连续时间系统的数学模型是常系数微分方程，通常采用拉普拉斯变换将它转换到复频域以进行计算分析。双击图 1-11 中的"Continuous"模块图标，即可打开连续时间函数模块，其界面如图 1-16 所示。该模块中包含下列 5 种常用的子模块。

1) Integrator 子模块：用于对输入变量进行积分运算。输入信号可以是标量，也可以是矢量。

2) Derivative 子模块：通过计算差分，近似计算输入变量的微分。

3) Transfer Fcn 子模块：用于执行系统的传递函数。

4) Zero-pole 子模块：用于建立预先指定的零点、极点，并用 s 域表示。

5) PID Controller 子模块：常用的 PID 控制器形式。

4. 离散时间函数模块

离散时间系统的数学模型是差分方程，通常采用 Z 变换将它转换到 Z 域以进行分析。双击图 1-11 中的"Discrete"模块图标，即可打开离散时间函数模块界面，如图 1-17 所示。

离散时间函数模块中包含离散传递函数（Discrete Transfer Fcn）、离散零极点（Discrete Zero-Pole）、离散 PID 控制（Discrete PID Controller）等子模块，其功能描述可参考连续时间函数模块。

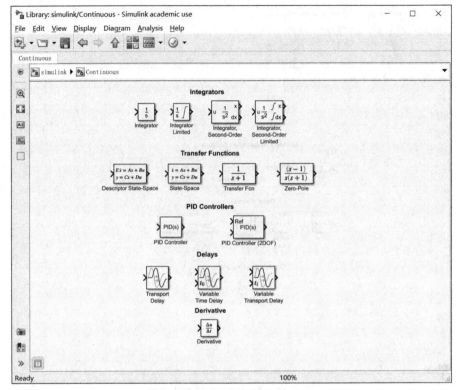

图1-16 连续时间函数模块界面

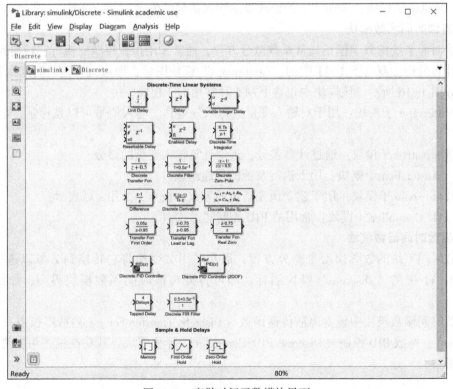

图1-17 离散时间函数模块界面

5. 数学运算模块

数学运算模块（Math Operations）提供了一些代数运算和简单的超越函数运算子模块，如图 1-18 所示。

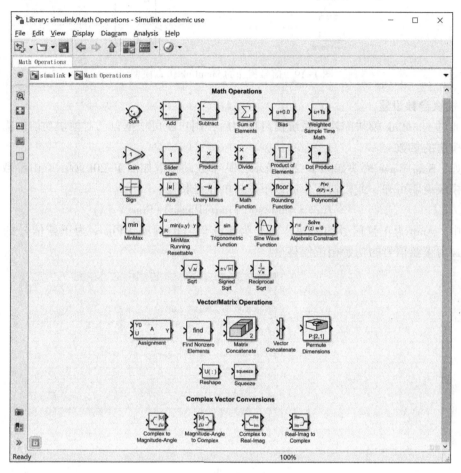

图 1-18　数学运算模块界面

信号的代数运算包括加法、减法、乘法和除法，并可以构造出点乘等复杂运算。数学运算模块提供了指数、对数、卷积等多种运算功能。

1.3.3　Simulink 仿真过程

1. 仿真模型的建立

首先，可以通过单击菜单项或执行命令建立空的模块窗口；然后，将所选的模块拖拽至空窗口中；最后，单击鼠标左键进行连线，即可建立仿真模型。

例如，通过 Simulink 模块库，建立直流信号与正弦信号进行相加运算的仿真模型，其中直流信号 $K=2$，正弦信号 $f(t)=\sin 10\pi t\,(0\leqslant t\leqslant 5)$。在模块库中，选择 Sine Wave 模块、Constant 模块、Sum 模块和 Scope 模块（示波器模块）并将它们拖拽至模型编辑框，然后，根据运算关系，连接各模块的输入与输出，此时便建立了直流信号与正弦信号相加的仿真模型，如图 1-19 所示。

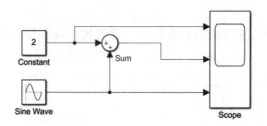

图 1-19 信号相加的 Simulink 仿真模型

2. 模块参数设置

在通过 Simulink 模块库建立系统仿真模型后，用户就可根据自己对模块功能的需求来设置各个模块的参数。

例如，Sine Wave 模块如图 1-20a 所示，其参数设置框如图 1-20b 所示。由参数设置框上部的模块说明可知，此模块可生成以下形式的正弦信号：

$$f(t) = \text{Amp} \times \sin(\text{Freq}\,t + \text{Phase}) + \text{Bias}$$

其中，Amp 为正弦信号的振幅，Freq 为正弦信号的频率，Phase 为正弦信号的初始相位，Bias 为正弦信号的初始相位偏移量。

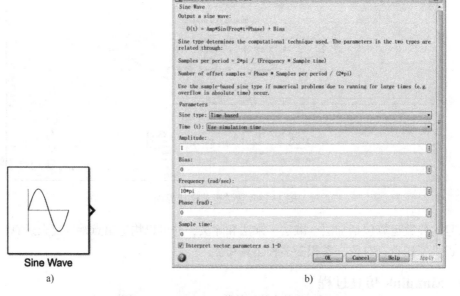

图 1-20 Sine Wave 模块及其参数设置框
a) Sine Wave 模块　b) Sine Wave 模块参数设置框

Sine Wave 模块参数设置框的下半部分为参数设置部分，主要参数有 Amplitude（振幅）、Bias（偏移量）、Frequency（频率）、Phase（相位）等，如图 1-20b 所示。

在建立信号相加仿真模型后，可根据直流信号和正弦信号的参数，设置 Constant 模块的"Constant value"为 2，分别设置 Sine Wave 模块的"Amplitude"和"Frequency"为 1 与"10 * pi"，设置 Scope 模块的"Input port number"为 2。设置完上述模块的参数后，便可运行仿真模型，结果如图 1-21 所示。

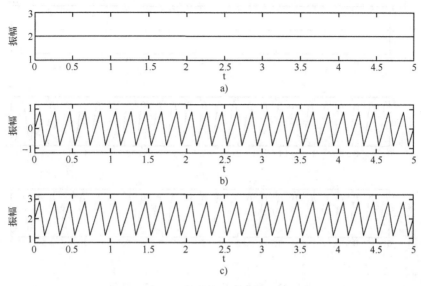

图 1-21 信号相加的仿真结果

a) 直流信号波形 b) 正弦信号波形 c) 直流信号与正弦信号相加后的波形

3. 仿真参数设置

在通过 Simulink 模块参数设置框对已建立模型的参数设置完成后，可进一步对系统仿真参数进行设置，如步长、采样间隔和精度等，以保证模型可以快速、准确运行。Simulink 中 "Simulation" 菜单下的 "Model Configuration Parameters" 选项可用于设置仿真控制参数。

Solver 是仿真时用于计算模型状态的求解器，它的设置是 Simulink 仿真参数设置的第一步，其主要参数介绍如下。

1) Simulation time：包括 Star time 与 Stop time，分别表示仿真的起始时间与结束时间，以秒为单位，默认值分别为 0.0 与 10.0。根据本节仿真模型中正弦信号的区间，设置 Star time 为 0，设置 Stop time 为 5。

2) Solver selection/detail：包括 Type 与 Solver，分别表示求解器的类型和具体的求解器，其中 Type 可设置为 Fixed-step（固定步长）和 Variable-step（变化步长），Solver 可设置为 auto、discrete 等。如图 1-22 所示的仿真结果是在默认仿真参数下运行的结果，正弦信号波形有失真，主要因为默认的固定步长不合适，需更改步长参数：Type 为 Variable-step，Solver 为 auto，并设置 Solver detail 中的最大步长为 0.002s。正弦信号 $f(t)=\sin10\pi t(0 \leqslant t \leqslant 5)$ 的周期为 0.2s，每个周期采样点为 100 个。

在修改上述参数后，运行程序，仿真结果如图 1-22 所示。

在信号与系统的建模仿真中，Simulink 主要有以下 4 个优点。

1) 内置丰富的可扩展预定义模块库。Simulink 模块库中丰富的模块可满足各类信号的生成与系统建模仿真的需要。

2) 可利用交互式图形编辑器直观地选取模块图。Simulink 为用户提供了采用方框图进行系统建模的图形接口。与传统软件用微分方程和差分方程相比，此种方法设计系统更加直观、简单、灵活。

3) 根据设计功能的层次来分割模型，便于复杂设计的管理。Simulink 在对复杂系统进

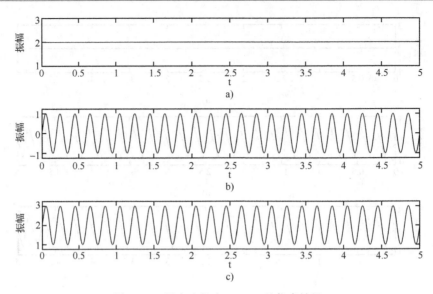

图1-22 最大步长为0.002s的仿真结果

a) 直流信号波形　b) 正弦信号波形　c) 直流信号与正弦信号相加后的波形

行模型设计时,可根据需要将部分模块组合起来以构成子系统,从而减少模型块数,提高模型可读性,使系统模型具有层次性。

4) 图形化的调试器可用来检查仿真结果,以及诊断设计的性能和异常行为。

第 2 章 信号与系统常用仪表的使用

"信号与系统实验"课程中常用的仪表有信号发生器、数字示波器、交流毫伏表和选频电平表。其中，信号发生器用来产生各种常用信号，数字示波器、交流毫伏表用于测量信号的时域信息，选频电平表一般用于测量信号的频域信息。

2.1 信号发生器

2.1.1 信号发生器的分类和需要满足的要求

信号发生器按其输出波形可分为正弦信号发生器、脉冲信号发生器、函数信号发生器、噪声信号发生器等，常用的是前 3 种；信号发生器按其输出信号频率范围可分为低频信号发生器、高频信号发生器、超高频信号发生器等。

信号发生器一般应满足如下要求：具有较宽的频率范围，且频率可连续调节；具有较高的频率准确度和稳定性；在整个频率范围内，具有良好的输出波形，即波形失真要小；输出电压可连续调节，且基本不随频率的改变而变化。

2.1.2 AFG1022 型任意波形/函数信号发生器

AFG1022 型任意波形/函数信号发生器是一种精密的测试仪器。它包括两个通道，最高带宽为 25 MHz，最高输出振幅为 10 V。它有 4 种运行模式、50 种内置波形，内置 200 MHz 频率计数器，可满足试验和测试工作中的大多数波形发生需求。

作为信号发生器，它可通过连续模式、扫描模式、突发模式和调制模式（AM、FM、PM、ASK、FSK、PSK、PWM）满足用户完成试验或测试工作的大部分要求，并且具有外部测频功能。它的输出可以是正弦波、矩形波或三角波等基本波形，还可以是锯齿波、脉冲波等非对称波形，总计包括噪声波和 45 种常用任意波形。它的各种波形使用频率范围为 1 μHz～25 MHz。它标配的 USB 主控/设备接口可用于扩大内存和远程控制范围。其输出电压的大小和频率都可以调节。它是一款用途广泛的通用仪器。

1. 面板操作键及功能说明

AFG1022 型任意波形/函数信号发生器的面板如图 2-1 所示。
①——屏幕按钮。
②——数字键盘，包括数字、小数点、正负号。
③——通用旋钮。
④——Inter CH：通道复制功能。
⑤——Utility：辅助功能。
⑥——Help：帮助功能。

⑦——箭头按钮：在更改振幅、相位、频率或其他此类数值时，允许在显示屏上选择特定的数字。

⑧——Out2 On/Off：通道 2 的开/关按钮。

⑨——通道 2 输出连接器。

⑩——Out1 On/Off：通道 1 的开/关按钮。

⑪——通道 1 输出连接器。

⑫——Ch1/2，即屏幕上显示通道切换按钮；Both，即屏幕上同时显示两个通道的参数；Mod，即运行模式按钮，可显示为连续、调制、扫频、突发脉冲串 4 种模式。

⑬——USB 连接器。

⑭——波形选择功能按钮。

⑮——电源开关。

⑯——显示屏，即用户界面。

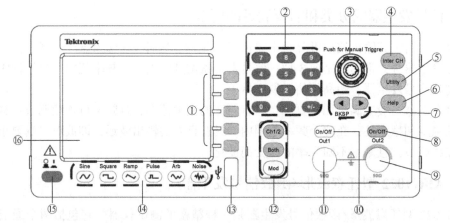

图 2-1　AFG1022 型任意波形/函数信号发生器面板图

2. AFG1022 型任意波形/函数信号发生器的用户界面

AFG1022 型任意波形/函数信号发生器的用户界面如图 2-2 所示。

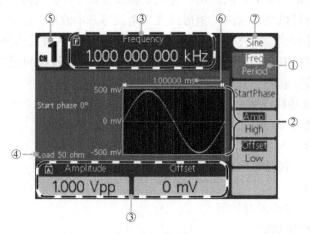

图 2-2　用户界面

①——屏幕菜单：按下前面板按钮时，仪器在屏幕右侧显示相应的菜单。该菜单显示直接按下屏幕右侧未标记的屏幕按钮时可用的选项。

②——图形/波形显示区：该区域以图形或波形的形式显示信号。

③——"锁定"参数显示区：该区域显示活跃的参数。☐表示频率锁定打开，☐表示振幅锁定打开。

④——"负载"消息显示区：该区域显示负载阻值。

⑤——"通道"消息显示区：该区域显示通道名称。

⑥——"周期"参数显示区：该区域显示周期。

⑦——"信号类型或模式"参数显示区：该区域显示当前信号类型或当前模式。

3. AFG1022型任意波形/函数信号发生器的使用方法

（1）按下仪器上的电源开关按钮。

（2）用BNC电缆将仪器的通道输出连接到示波器输入。

（3）选择波形。

（4）打开信号输出开关（On/Off）。

（5）观察示波器屏幕上显示的波形。

（6）使用仪器上的前面板屏幕按钮选择波形参数。

（7）选择频率作为要更改的参数。

（8）使用数字键更改频率。

（9）选择振幅作为要更改的参数。

（10）使用数字键更改振幅时，正弦信号振幅参数选择峰峰值或有效值。

（11）使用通用旋钮和箭头键更改波形参数。

2.2 数字示波器

示波器是一种用来观察各种周期性变化信号的电压波形的常用测量仪器，可用来测量电压的振幅、频率、相位、调幅指数等，而且具有输入阻抗高、频率响应好、灵敏度高等优点。为了研究几个波形间的关系，还可以采用（单线）双踪、双线或多线示波器。本书仅介绍（单线）双踪示波器的工作原理。

2.2.1 通用示波器的组成和工作原理

1. 组成

通用示波器主要由 Y 轴（垂直）放大器、X 轴（水平）放大器、触发器、扫描发生器、示波管和电源组成，如图2-3所示。

示波管是示波器的核心。它的作用是把所观察的信号电压变成发光图形。示波管主要由电子枪、偏转系统和荧光屏组成。电子枪由灯丝、阴极、控制栅极、第一阳极和第二阳极组成。灯丝通电时加热阴极，使阴极发射电子。第一阳极和第二阳极分别加有相对于阴极为数百和数千伏的正电位，使得阴极发射的电子聚焦成一束，并且获得加速，电子束射到荧光屏上就产生光点。调节控制栅极的电位，可以改变电子束的密度，从而调节光点的明暗程度。偏转系统包括 Y 轴偏转板和 X 轴偏转板，它们能将电子束按照偏转板上的信号电压做出相应的偏转，使得荧光屏上能绘出一定的波形。荧光屏是在示波管顶端内壁上涂有一层荧光物质制成的，这种荧光物质受高能电子束的轰击会产生辉光，而且还有"余晖"现象，即电子束轰击后产生的辉光不会立即消失，而将持续一段时间。之所以能在荧光屏上观察到一个连续的波形，除人眼的残留特性以外，正是利用了荧光屏的"余晖"效应。

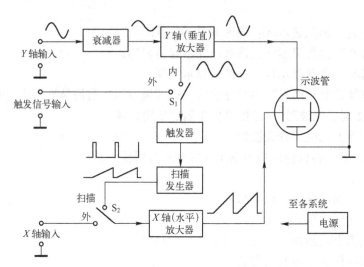

图 2-3　通用示波器的组成

示波管的灵敏度比较低，如果偏转板上的电压不够大，就不能明显地观察到光点的移位。为了保证有足够的偏转电压，如图 2-3 所示，Y 轴放大器将被观察的电信号加以放大后，送至示波管的 Y 轴偏转板。

X 轴偏转板所加信号有两种，由开关 S_2 选择，一种是由外部输入的一个被测信号，加至 X 轴，此时示波器工作在 X-Y 输入状态，显示李萨如图形（Lissajous figure），S_2 选择"外输入"；另一种是观测 Y 轴输入的信号，此时示波器工作在 X 轴扫描状态，S_2 选择"扫描"。

X 轴放大器的作用是将扫描电压或 X 轴输入信号放大后，送至示波管的 X 轴偏转板。扫描发生器的作用是产生一个周期性的线性锯齿波电压（扫描电压），如图 2-3 所示。该扫描电压可以由扫描发生器自动产生，称为自动扫描；也可在触发器的触发脉冲作用下产生，称为触发扫描。

触发器将来自内部（被测信号）或外部的触发信号整形后，变为波形统一的触发脉冲，用于触发扫描发生器。若触发信号来自内部，称为内触发；若来自外部，则称为外触发，由开关 S_1 选择。

电源的作用是将 220 V 的交流电压转变为各个数值不同的直流电压，以满足各部分电路的工作需要。

2. 波形显示原理

如果仅在示波管 X 轴偏转板上加有振幅随时间线性增长的周期性锯齿波电压，则示波管荧光屏上的光点反复自左端移至右端，就会出现一条水平线，这条线称为扫描线或时间基线。如果同时在 Y 轴偏转板上加有被观测的电信号，就可以显示电信号的波形。波形显示原理如图 2-4 所示。

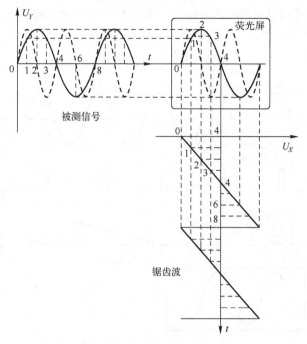

图 2-4 波形显示原理

若被测信号的频率与锯齿波电压的频率相同,那么光点自左端移至右端一次(扫描一次),荧光屏上显示一个周期的正弦波,如图 2-4 中的实线部分。若被测信号的频率是锯齿波电压频率的两倍,那么光点扫描一次,荧光屏上显示两个周期的正弦波,如图 2-4 中的虚线所示,依此类推。正是由于被测信号的频率与锯齿波频率保持这种严格的倍数关系,当光点再次扫描所产生的波形和上次扫描的波形完全重合时,才能够看到一个稳定的波形。

但当被测信号的频率与扫描锯齿波的频率不为整数倍关系时,如图 2-5 所示,锯齿波第一次扫描、第二次扫描、第三次扫描的波形不重合,显示的波形就会出现"漂移"。

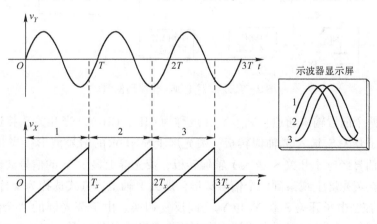

图 2-5 波形不稳的原因

为了保证显示波形稳定,必须强制使锯齿波每次扫描的波形重合,即每次扫描均从被测信号电压为 V_1 的位置开始,如图 2-6 所示。锯齿波与被测信号的这种关系称为扫描同步。

在实际电路中，通常通过从被测信号中分离一部分信号来控制锯齿波的产生，在两次扫描之间，插入一段等待时间，促使扫描同步。在示波器中，这种电路称为同步电路或触发器。在图 2-6 中，以输入正弦信号为例，显示了各部分的输出波形。

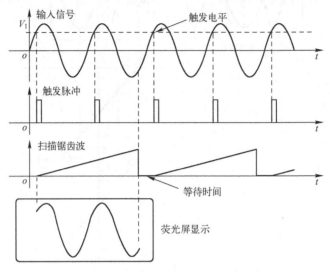

图 2-6　触发扫描锯齿波波形

3. 双踪显示原理

示波管只有一对偏转板，如何同时显示两个信号的波形呢？图 2-7 为示波器 Y 轴工作原理框图。

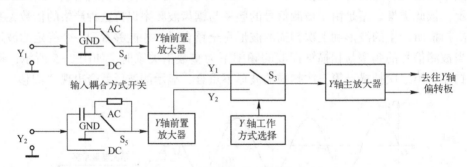

图 2-7　示波器 Y 轴工作原理框图

示波器有两个前置输入通道：Y_1、Y_2（或称为 CH_1、CH_2）。当开关 S_3 接通 Y_1 时，Y_1 输入的信号经电子开关 S_3 送入 Y 轴偏转板，荧光屏上显示 Y_1 的信号波形；当开关 S_3 接通 Y_2 时，Y_2 输入的信号经电子开关 S_3 送入 Y 轴偏转板，荧光屏上显示 Y_2 的信号波形。

如果想要在荧光屏上观察到两个信号波形，那么 Y 轴工作方式选择为交替（ALT）或断续（CHOP），控制电子开关 S_3 在 Y_1 与 Y_2 之间反复切换。由于荧光屏的"余晖"效应和人眼的视觉暂留现象，因此可以在荧光屏上同时观察到两个信号波形。交替和断续的区别是开关动作的速率不同。

"交替"显示的波形如图 2-8 所示。开关接通 Y_1 或 Y_2 的时间为一个锯齿波周期。每扫描一次，开关就切换一次。当扫描速度在低速挡时，会产生明显的闪烁现象，因此，"交替"模式适合用于观察 1 kHz 以上的信号。

图 2-9 为"断续"显示的波形。电子开关受机器内部自激振荡器的控制,开关转换速率固定,Y_1 与 Y_2 被分段扫描,波形在荧光屏上间断显现。当被测信号的频率较低,开关的转换频率远高于被测信号的频率时,每个信号被扫描的线段足够多,荧光屏上显示的信号波形就好像是两条连续的波形。"断续"模式适合用于观察 1 kHz 以下的信号。

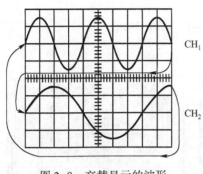
图 2-8 交替显示的波形

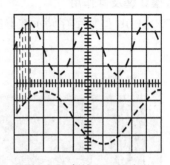
图 2-9 断续显示的波形

4. 示波器的主要技术指标

示波器的技术指标是正确选用示波器的依据,下面仅介绍几个主要指标。

(1) Y 通道的频带宽度和上升时间

频带宽度 ($B_f=f_H-f_L$) 表征示波器所能观测的正弦信号的频率范围。由于下限频率 f_L 远小于上限频率 f_H,因此,频带宽度约等于上限频率,即 $B_f \approx f_H$。频带宽度越大,示波器的频率特性越好。

上升时间 (t_r) 决定了示波器可以观察到的脉冲信号的最小边沿。

f_H 和 t_r 的关系如下:

$$f_H t_r = 0.35$$

式中,f_H 的单位为 MHz;t_r 的单位为 ns。例如,DF4320 型示波器的频带宽度为 20 MHz,则上升时间为 17.5 ns。

为了减少测量误差,一般要求示波器的上限频率应达到被测信号最高频率的 3 倍以上,上升时间应为被观测脉冲上升时间的 1/3 以下。

(2) Y 通道偏转灵敏度

偏转灵敏度表征示波器观测信号的振幅范围,其下限决定了示波器观测微弱信号的能力,上限决定了示波器所能观测到信号的峰峰值。例如,DF4320 型示波器的偏转灵敏度为 5 mV/DIV ~ 20 V/DIV。在处于 5 mV/DIV 位置时,5 mV 的信号在屏幕垂直方向上占一格。例如,示波器的偏转灵敏度置为 10 V/DIV,由于其屏幕高度为 8 格,因此,输入电压的峰峰值不应超过 80 V。

(3) 扫描时基因数与扫描速度

扫描时基因数是光点在水平方向移动单位长度(1 格或 1 cm)所需的时间,单位为 s/DIV。扫描速度是扫描时基因数的倒数,即单位时间内,光点在水平方向移动的距离,单位为 DIV/s。扫描时基因数越小,扫描速度越快,示波器展宽高频信号波形或窄脉冲的能力越强。

(4) 输入阻抗

输入阻抗是从示波器垂直系统输入端"看进去"的等效阻抗。示波器的输入阻抗越大，对被测电路的影响越小。通用示波器的规定输入阻抗为 1 MΩ，输入电容一般为 22~50 pF。

2.2.2 TBS1072B-EDU 型数字存储示波器

1. 面板操作键及其作用

TBS1072B-EDU 型数字存储示波器的面板如图 2-10 所示。

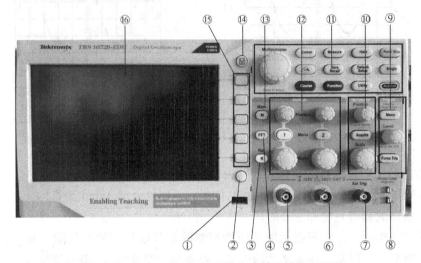

图 2-10 TBS1072B-EDU 型数字存储示波器面板图

①——USB 接口。可插入 U 盘以进行文件存储。示波器可以将数据保存到 U 盘或从 U 盘中检索数据。

②——菜单开关键：打开或关闭屏幕右侧菜单。

③——Ref 键。

④——FFT 键：将时域信号转换为频谱并显示。

⑤——通道 1 输入连接器。

⑥——通道 2 输入连接器。

⑦——外部触发信源的输入连接器。使用"Trigger Menu"（触发菜单），选择 Ext 或 Ext/5 触发信源。

⑧——探头补偿输出及机箱基准信号输出。

⑨——触发控制区域。

Menu：触发菜单。按下时，将显示触发菜单。

Level：电平旋钮。在使用边沿触发或脉冲触发时，可通过"电平"旋钮设置采集波形时信号所必须越过的幅值电平。按下该旋钮，可将触发电平设置为触发信号峰值的垂直中点（设置为 50%）。

Force Trig：强制触发。无论示波器是否检测到触发，都可以使用此按键完成波形的采集。

⑩——水平控制区域。

Position：位置。调整所有通道和数学波形的水平位置。这一控制的分辨率随时基设置的不同而改变。

Acquire：采集。显示采集模式：采样、峰值检测和平均。

Scale：刻度。选择水平时间/格（标度因子）。

⑪——菜单和控制区域。

Multipurpose：多用途旋钮。利用显示的菜单或选定的菜单选项来确定功能。激活时，相邻的 LED 变亮。

Cursor：光标，显示"光标"菜单。

Measure：测量，显示"自动测量"菜单。

Save/Recall：保存/调出，显示设置和波形的"保存/调出"菜单。

Function：函数，显示函数功能。

Help：帮助，显示"帮助"菜单。

Default Setup：默认设置，调出厂家设置。

Utility：辅助功能，显示"辅助功能"菜单。

Run/Stop：运行/停止，连续采集波形或停止采集。

Single：单次，采集单个波形，然后停止。

Autoset：自动设置，自动设置示波器控制状态，以产生适用于输出信号的显示图形。

⑫——垂直控制区域。

Position：位置（1 和 2），可垂直定位波形。

Menu：1 和 2 菜单，显示"垂直"菜单选择项并打开或关闭对通道波形的显示。

Scale：刻度（1 和 2），选择垂直刻度系数。

⑬——Math：数学计算按键。

⑭——保存按键。按此按键，可以向 U 盘中快速存储图像信息或文件。

⑮——屏幕右端菜单选择按键。

⑯——显示屏。

2. TBS1072B-EDU 型数字存储示波器的基本操作

TBS1072B-EDU 型数字存储示波器是一个双通道输入的示波器。假设函数信号发生器产生一个频率为 1.25 kHz，电压峰峰值为 2.8 V 的正弦波，并将该信号送往示波器观测。

（1）选择输入通道

在通道 1 输入连接器上，连接示波器探头。

（2）设置通道 1

按下垂直控制区域中的"Menu 1"按键，打开通道 1 的菜单选择项，进行下列通道 1 的配置。

1）设置耦合方式。

- 直流耦合：被测信号中的交、直流成分均送往示波器。
- 交流耦合：被测信号中的直流成分被隔断，仅将被测信号中的交流成分送入示波器中。
- 接地：输入信号被接地，仅用于观测输入为 0 时光迹所在的位置。

2）探头衰减设置。探头有不同的衰减系数，它影响信号的垂直刻度。选择与探头衰减相匹配的系数。例如，要与连接到通道 1 的设置为 10X 的探头相匹配，先需要选择"探头"→"衰减"选项，再选择"10X"。

3) 通道极性设置。设置通道 1 输入信号的极性。
- 反相开启：通道 1 输入信号反相显示。
- 反相关闭：通道 1 输入信号维持原相位。

（3）接入输入信号

探头接入输入信号。

（4）按下"Autoset"按键

按下菜单和控制区域中的"Autoset"按键，波形稳定显示在显示屏上，如图 2-11 所示。

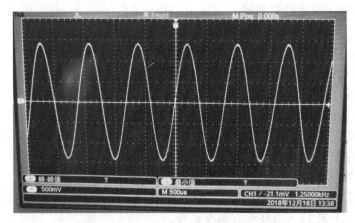

图 2-11　示波器显示屏上显示的信号波形

2.3　交流毫伏表

交流毫伏表（又称交流电压表）一般是指模拟式电压表。它是一种在电子电路中常用的测量仪表，主要用于测量正弦电压的有效值。它采用磁电式表头作为指示器，属于指针式仪表。

与普通万用表相比，交流毫伏表具有以下优点。

1) 输入阻抗高。一般输入电阻至少为 500 kΩ，仪表接入被测电路后，对电路的影响小。
2) 频率范围宽。适用频率范围为几赫兹到几兆赫兹。
3) 灵敏度高。可测到最低电压达到微伏级。
4) 电压测量范围广。仪表的量程为 1 mV～几百伏。

按适用的频率范围，交流毫伏表大致可分为高频毫伏表和低频毫伏表两类。

2.3.1　交流毫伏表的组成和工作原理

通常，交流毫伏表先将微小信号进行放大，再进行测量，同时，它采用输入阻抗高的电路作为输入级，以尽量减少测量仪器对被测电路的影响。

根据电路组成结构的不同,交流毫伏表可分为放大-检波式电子电压表、检波-放大式电子电压表和外差式电子电压表。

常用的交流毫伏表属于放大-检波式电子电压表。放大-检波式电子电压表框图如图 2-12 所示,主要由衰耗器、交流电压放大器、检波器和整流电源 4 部分组成。

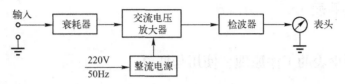

图 2-12 放大-检波式电子电压表框图

被测电压先经衰耗器衰减到适宜交流电压放大器输入的数值,再经交流电压放大器放大,最后经检波器检波,变为直流后流过磁电式电表,由表头指示被测电压的大小。

交流毫伏表的表头指针的偏转角度正比于被测电压的平均值,而面板却是按正弦交流电压有效值进行刻度的,因此,它只能用于测量正弦交流电压的有效值。当测量非正弦交流电压时,它的读数没有直接意义,只有将该读数除以 1.11(正弦交流电压的波形系数),才能得到被测电压的平均值。

2.3.2 TH1912 型交流毫伏表

TH1912 型交流毫伏表是通用型电压表,可以测量 50 μV~300 V、5 Hz~3 MHz 范围内正弦交流电压的有效值。它也可作为功率计和电平表使用。

1. 面板操作键及其功能

图 2-13 为 TH1912 型交流毫伏表的面板图。

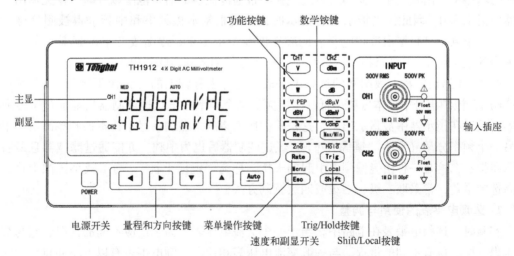

图 2-13 TH1912 型交流毫伏表的面板图

2. 使用方法与注意事项

1)打开电源开关。

2)将待测信号通过同轴电缆接入输入端。

3)显示屏上会显示输入通道信号的交流电压值。

注意：在打开电源后，TH1912型交流毫伏表会根据内部EPROM和RAM的设定进行自我测试，并且会将屏幕上的所有信息显示近1s。如果检测出任何仪器故障，那么屏幕中会显示错误信息代码和"ERR"。

2.4 选频电平表

2.4.1 选频电平表的工作原理、使用与调整

1. 选频电平表的工作原理

选频电平表是一种用作谐波分析及滤波器网络频响特性等测量的仪表，其工作原理类似于超外差接收机。一级调制的选频电平表的工作原理框图如图2-14所示。

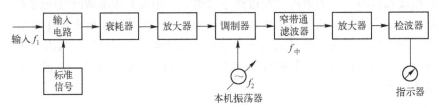

图2-14 一级调制的选频电平表的工作原理框图

输入被测信号f_1经输入电路、衰耗器和放大器，在调制器中与本机振荡器产生的本振频率f_2进行调制。被测信号中包含各种频率成分，当调节本振频率f_2，使f_2与f_1之差（$f_2-f_1=f_中$）落在窄带通滤波器的通带范围内时，滤波器就有输出，再经放大器和检波器，就可以从指示器中读出其大小。而当二者之差在窄带通滤波器的通带范围以外时，便无输出，指示器中指示为0。因此，当指示器有指示时，就可根据本振频率和中频求得被测信号的频率——这个频率已直接由选频电平表的频率度盘指示出来。逐渐改变本振频率（调节选频电平表的频率旋钮），可以将被测信号中各种成分的频率和振幅测出来。

图2-14给出的是一级调制的选频电平表，此种表有较大的"镜像干扰"。如上所述，$f_2-f_1=f_中$，被测信号中比本振频率低一个中频的某个频率分量经过调制器后能通过窄带通滤波器，最后在指示器中被指示出来，这是我们所希望的。被测信号中比本振频率高一个中频的另一个频率分量（称为"镜像频率"）经过调制器后也为中频，亦能通过滤波器且最后被指示器指示，这是一种由镜像频率引起的干扰，称为"镜像干扰"。为了减小镜像干扰，并提高选频增益，常采取二级、三级或四级调制方式。

2. 选频电平表的使用与调整

实验时，选频电平表在电路中相当于一个交流电压表。为了适应不同的情况，它与交流电压表一样，也有不同的量程。与一般交流电压表相比，选频电平表有以下不同点。

1) 在功能上，选频电平表既可用作"宽频"测量，又可以对周期非正弦波中某个频率分量进行"选频"测量；而一般交流电压表不具备第二种功能，即没有选频测量的功能。

2) 在使用上，选频电平表在测量前，需要进行"校准"（宽频校准或选频校准）。在进行选频测量时，为了选择待测的某频率分量，须有选频过程，即要先通过调节频率旋钮对待测频率进行调谐，再进行电平读数。而宽频测量不需要选择频率，可直接读数。

3）在读数上，一般交流电压表的读数是用电压有效值（伏特）来表示的，而选频电平表的读数是用电压电平（分贝）来表示的。被测电平为电平调节和电表指示的代数和。

4）在输入阻抗上，为了适应不同情况，选频电平表将输入阻抗分为多挡，使用时，可按照阻抗匹配原则选择不同挡。

2.4.2 HX—D21型选频电平电压表

HX—D21型选频电平电压表是一种高灵敏度、高精密的电平测量仪表，适用于矩形波、三角波、锯齿波等周期性信号的频谱分析，便于使用者加深对信号时域与频域间关系的理解。

该仪表具有宽频测量和选频测量两种工作方式，能自动转换电平量程；可自动跟踪校准，每隔30 min，仪表自动校准零电平，并发出"嘟"提示音；有4种频率调谐步进速度；有4种电平量程下限预置；可对常用频率进行"记忆"存储。

仪表显示屏设有两种电压单位刻度，既有电压刻度 "V" "mV" "μV"，又有电平刻度 "dB"。用户可根据个人习惯或需要选择电压刻度或电平刻度，同一被测信号可在显示屏上被直接读出电压值和相对应的电平值，无须再进行伏特和分贝的换算。

该仪表采用了新一代微处理器PIC，根据编制的软件包对整机实施控制；频率、电平、阻抗、功能均为LCD菜单汉字显示，使用直观、方便；应用近年来国际上先进的电子技术DDS，直接合成数字频率，使频率稳定度达到了晶振的水平，并使仪表的体积大大缩小，重量减轻。

1. 主要技术指标

（1）输入频率测量范围（见表2-1）

表2-1 输入频率测量范围

输入方式	宽频测量	选频测量
同轴	200 Hz~620 kHz	200 Hz~620 kHz（低端可工作在200 Hz）

频率显示分辨率：1 Hz。

（2）电平测量范围（见表2-2）

表2-2 电平测量范围

输入方式	宽频测量	选频测量
同轴	−50~20 dB	−80~20 dB

（3）电平测量误差

1）零电平固有误差：在基准条件下，以同轴75 Ω、100 kHz为准，经校准，误差范围是±0.2 dB。

2）电平换挡误差：在基准条件下，以同轴75 Ω、100 kHz、0 dB挡为准，选频测量范围为−60~10 dB(±0.2 dB) 和−80~20 dB(±0.3 dB)。

3）频率响应：在基准条件下，以同轴75 Ω、100 kHz、0 dB挡为准，误差范围是±0.2 dB。

4）机内固有杂音：比可测电平低20 dB。

5）输入阻抗：同轴75 Ω、高阻抗。

6) 4 种频率步进速度：1 Hz、10 Hz、100 Hz、1 kHz。
7) 选测电平量程下限 4 种预置：−80 dB、−40 dB、−20 dB、0 dB。
8) 供电电源：交流电为 220(1±10%) V，50 Hz±2.5 Hz；功耗约为 9 W。

2. 面板介绍

HX-D21 型选频电平电压表面板如图 2-15 所示。

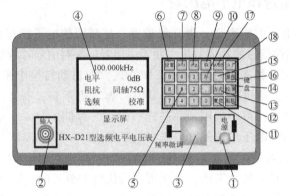

图 2-15 HX-D21 型选频电平电压表面板

①——电源开关。按下该按键，电源接通，LCD 屏被点亮。

②——同轴输入接口。

③——频率微调轮（惯性轮），可对频率进行连续调整。

④——LCD 屏（液晶屏）。

⑤——数字按键。

⑥——"设置"按键。当需要设置一个固定频率时，先按此按键，使频率合成器处于激活状态。宽频测量时，该按键不起作用。

⑦——"kHz"按键，它为频率单位"kHz"的确认键。

⑧——"Hz"按键，它为频率单位"Hz"的确认键。

⑨——"取"按键，可取出存储的 10 个常用频率中的任一个。

⑩——"存"按键，按此按键可存储 10 个常用频率。

⑪——"复位"按键。当出现未知原因的"死"机时，按此按键可恢复正常。

⑫——"阻抗"按键。连续按此按键可选择所需的输入阻抗。

⑬——"方式"按键。连续按此按键可选择宽频测量和选频测量中的一种。

⑭——"校/测"按键。按此按键可选择各种测量方式的校准或测量状态。

⑮——空按键。

⑯——选择电子量程下限预置按键。

⑰——"V"和"dB"刻度选择按键。

⑱——频率步进速度选择按键。

3. 使用方法

按下电源开关后，电源接通，LCD 屏被点亮。注意，预热 20 min 后再使用。

（1）电平校准

开机后，仪器自动进行"宽频测量校准"和"选频测量校准"，当听到 3 声"嘟"后，校准完毕。仪器停留在如图 2-15 显示屏所示状态。按"校/测"按键,转换至测量状态,再按"方式"按键选择所需的工作方式。仪器开机后的首次校准值仅供参考,预热 30 min 后的校准才有效。

在工作过程中,每隔约 30 min,仪器会自动校准一次。校准时,仪器发出一声"嘟",同时液晶屏第 4 行显示"校准"状态,再发出一声"嘟",校准完毕,自动恢复到校准前的测量状态,整个过程约 3 s。

在测量过程中,可随时手动对液晶屏显示的当前状态进行校准,只需要按"校/测"按键,液晶屏最下面一行的"测量"变成"校准",约 5 s 后,校准完毕。再按一下"校/测"按键,可转换至原测量状态。

(2) 频率调节

设置一个已知频率的步骤如下。

步骤 1:用按键设置频率。在选频测量时,首先,按"设置"按键,此时,液晶屏第一行出现"—"符号;然后,按数字按键;最后,选择频率的单位,按"kHz"按键或"Hz"按键。例如,需要设置频率为 100.200 kHz,首先按"设置"按键,然后依次按数字按键"1""0""0"".""2",最后按"kHz"按键确认,液晶屏中会显示"100.200 kHz"。

步骤 2:用面板上设置的频率微调轮连续调节频率。顺时针转动,频率增加;逆时针转动,频率降低。在利用步骤 1 调节频率之后,还需要使用频率微调轮缓慢地进行微调,使频率准确地调谐,此时液晶屏第二行显示的电平值最大。

若是一未知频率,可使用快速频率调谐,设置如下。

设置频率步进。在搜索频率过程中,可以使用 1 Hz、10 Hz、100 Hz、1 kHz 4 种步进方式,它们在液晶屏左上角分别用不同数目的三角形标示:无三角形表示 1 Hz 步进,一个"▲"表示 10 Hz,两个"▲"表示 100 Hz,三个"▲"表示 1 kHz,按频率步进选择按键可循环选择。

当测量一个未知的被测频率时,先按"方式"按键,使仪表处于"选频测量"状态(见液晶屏最下行);再按频率步进选择按键,选择调谐时的频率步进,如 1 kHz,接着缓慢转动频率微调旋钮,在整个频段内搜索,注意液晶屏第二行的电平变化。当电平出现一最大值时,停止转动旋钮。依次将频率步进设置为 100 Hz、10 Hz、1 Hz,仔细左右微调频率微调旋钮,直至电平显示最大值,此时显示内容即为被测信号的频率和电平。

频率的"记忆"存储和提取操作如下。

1) 若液晶屏当前显示的频率(如 100 kHz)存入利用数字按键"5"设置的地址,那么,先按"存"按键,液晶屏的频率行中会显示"—"号,再按数字按键"5"即可存入,此时,液晶屏仍显示"100 kHz"。

2) 若存入的频率不是液晶屏当前显示的频率,如将"246.800 kHz"的频率存入利用"0"数字按键设置的地址,则首先按"设置"按键,液晶屏的频率行中显示"—"号;接着依次按"2""4""6"".""8"数字按键;然后按"kHz"按键确认;最后按"存"按键。按数字按键"0",液晶屏中显示频率"246.8 kHz",表明存储完毕。

提取时,先按"取"按键,再按存入时的相关数字按键。例如,想要取出上面存储的频率 246.8 kHz,先按"取"按键,液晶屏中的频率行显示"—"号,再按存入时相应的数字按键"0",液晶屏会显示频率 246.800 kHz。

(3) 阻抗选择

在按"阻抗"按键时，液晶屏的阻抗行中循环出现同轴 75 Ω、∞ Ω，可根据测试需要进行选择。例如，选择同轴 75 Ω 输入阻抗，按"阻抗"按键，使液晶屏的第 3 行显示"阻抗同轴 75 Ω"即可。

(4) 工作方式选择

连续按"方式"按键，液晶屏的最下行可循环显示"宽频测量"和"选频测量"两种工作方式，用户可根据测试需要任选一种。按"校/测"按键，可根据液晶屏最下行右边的显示来选择"校准"或"测量"状态。

1) 宽频校准与宽频测量。宽频校准：按"方式"按键和"校/测"按键，使液晶屏最下行显示"宽频校准"状态，约 5 s 后校准完毕。宽频测量：按"校/测"按键，此时液晶屏最下行显示"宽频测量"状态。

根据测量要求，按"阻抗"按键，选择所需的输入阻抗。将输入信号从同轴输入接口接入。此时，显示屏的第二行显示的电平值即为电平测量结果。

2) 选频校准与选频测量。仪器预热 20 分钟后，才可进行校准。选频测量时，按"方式"按键，根据液晶屏的显示，选择"选频测量"方式。按"校/测"按键，使显示屏最下行右边显示"校准"，约 5 s 后校准完毕，再按"校/测"按键可转换至测量状态。

输入阻抗和信号输入方式的选择：按"阻抗"按键，直至液晶屏的第 3 行显示"阻抗同轴 ∞ Ω"（或"阻抗同轴 75 Ω"）。

将被测信号从同轴输入接口输入，按"设置"按键，依次按数字按键，按"Hz"或"kHz"按键确认，使液晶屏的第一行显示被测信号的频率；仔细微调频率微调轮，直至液晶屏的电平行显示最大值，此时，已将频率准确地调谐至被测频率，液晶屏的频率行所显示的频率即为被测信号的频率，液晶屏的电平量程行所显示的电平值即为被测信号的电平。

注意：在测量谐波失真时，按照测试规定，提高 40 dB 的灵敏度（仪器自动完成）。在用频率微调轮调谐的过程中，若显示屏左上角出现"!"符号闪烁，说明仪器已处于"过载"状态，则不必再切换量程，此时显示屏上的电平值为所测谐波失真的近似值；若要精确测量，按任一数字按键，退出"过载"状态，缓慢旋动频率微调轮，直至显示最大电平值，此时仪器准确地调谐至所测频率的谐波上，该电平值即为谐波的衰减值。

碰到"过载"状态，不必退出，即可直接按常规操作转换到其他工作状态。

(5) 电平量程预置

默认情况下，该选频电平电压表选测电平量程下限自动设置为 -80 dB，在 -80～20 dB 范围内，均可自动切换量程。

手动设置量程下限，可分别预置电平量程下限为 -80 dB（无△）、-40 dB（3 个△）、-20 dB（2 个△）、0 dB（1 个△）4 种。

为了降低测量时间对测量结果的影响，一般预先将电平量程下限设置为接近被测电平值，以便迅速得到测量结果。

(6) 伏特与分贝的转换

按"V/dB"按键，可任意选择"V""mV""μV"或"dB"刻度，并直接读出电压值或对应的电平值，无须再进行电压值和电平值的换算。

第3章 MATLAB辅助设计与仿真分析实验

3.1 信号的产生

3.1.1 实验目的

1) 了解与常用的连续、离散时间信号有关的MATLAB子函数。
2) 掌握常用信号在MATLAB中程序的编写方法。
3) 了解基本绘图方法和常用的绘图子函数。

3.1.2 实验涉及的MATLAB子函数

1. axis( )
功能：限定图形坐标的范围。
调用格式：

```
axis([x1,x2,y1,y2]);    %在横坐标起点为x1、终点为x2,纵坐标起点为y1、终点为y2的
                        %范围内作图
```

2. length( )
功能：取某一变量的长度（采样点数）。
调用格式：

```
N=length(n);    %取变量n的采样点数,赋给变量N
```

3. real( )
功能：取某一复数的实部。
调用格式：

```
real(h);        %取复数h的实部
x=real(h);      %取复数h的实部,并赋给变量x
```

4. imag( )
功能：取某一复数的虚部。
调用格式：

```
imag(h);        %取复数h的虚部
y=imag(h);      %取复数h的虚部,并赋给变量y
```

5. sawtooth( )
功能：产生锯齿波或三角波。
调用格式：

```
x=sawtooth(t);        %使用类似于 sin(t)，它产生周期为 2π，振幅范围为-1~1 的锯齿波
x=sawtooth(t,width);  %用于产生三角波，其中，width (0<width≤1) 用于确定波形最大值的位置。
                      %当 width=0.5 时，可产生对称的标准三角波；当 width=1 时，就产生锯齿波
```

6. square( )

功能：产生矩形波。

调用格式：

```
x=square(t);        %其使用类似于 sin(t)，产生周期为 2π，振幅范围为-1~1 的矩形波
x=square(t,duty);   %产生指定周期的矩形波，其中，duty 用于指定脉冲宽度与整个周期的比例
```

7. sinc( )

功能：产生 Sa 函数波形。

调用格式：

```
x=sinc(t);
```

可用于计算下列函数

$$\operatorname{sinc}(t) = \begin{cases} 1 & t=0 \\ \dfrac{\sin(\pi t)}{\pi t} & t \neq 0 \end{cases}$$

下列函数是宽度为 2π，振幅为 1 的矩形脉冲的连续逆傅里叶变换公式

$$\operatorname{sinc}(t) = \frac{1}{2\pi} \int_{-\pi}^{\pi} e^{j\omega t} d\omega$$

3.1.3 实验原理

1. 连续时间信号

时间轴上连续取值的信号称为连续时间信号。通常，连续时间信号用 $x(t)$ 表示。

从实际的操作实验可知，非周期性的信号一般很难由传统的电子仪器来提供，而传统操作实验的主要研究对象是周期性的连续时间信号。MATLAB 可以研究周期性和非周期性的时间信号。

从严格意义上来讲，MATLAB 和其他计算机编程语言一样，是不能产生连续信号的。不过，当把信号的样点值取得足够密时，就可以把非连续信号看成连续信号。

连续信号作图一般使用 plot( )函数，即绘制线性图。对于具有突变点的信号，需要进行特别处理，并选择合适的作图函数，如利用 stairs( )函数作阶梯图。

2. 常用连续时间信号的产生

常用的连续时间信号主要有正（余）弦信号、实指数信号、复指数信号、锯齿波（三角波）信号、矩形波信号、Sa(t)信号（抽样信号）、单位冲激信号、单位阶跃信号等。

（1）实指数信号

实指数信号的表达式为

$$x(t) = Ke^{at}$$

式中，a 为实数。当 $a>0$ 时，$x(t)$ 的振幅随时间增大；当 $a<0$ 时，$x(t)$ 的振幅随时间减小。

【例 3-1】 编写产生 $K=1$、$a_1=-0.2$ 和 $a_2=0.2$ 的实指数信号的程序，需要在 $-10 \leq t \leq 10$ 的条件下显示波形。

解：MATLAB 程序如下，运行结果如图 3-1 所示。

```
a1=-0.2;a2=0.2;k=1;           %输入已知条件
t=-10:0.1:10;                 %建立时间序列
x1=k*exp(a1.*t);              %建立信号1
x2=k*exp(a2.*t);              %建立信号2
subplot(1,2,1),plot(t,x1);    %作图
title('实指数信号(a<0)');
subplot(1,2,2),plot(t,x2);
title('实指数信号(a>0)');
```

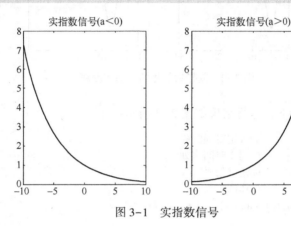

图 3-1 实指数信号

（2）复指数信号

复指数信号的表达式为

$$x(t)=\begin{cases}Ke^{(\sigma+j\omega)t} & t\geqslant 0\\ 0 & t<0\end{cases}$$

当 $\omega=0$ 时，$x(t)$ 为实指数信号；当 $\sigma=0$ 时，$x(t)$ 为虚指数信号。

$$e^{j\omega t}=\cos(\omega t)+j\sin(\omega t)$$

由此可知，其实部为余弦信号，虚部为正弦信号。

【例 3-2】 编写产生 $\sigma=-0.1$，$\omega=0.6$ 的复指数信号的程序，需要在 $0\leqslant t\leqslant 30$ 的条件下显示波形。

解：MATLAB 程序如下，运行结果如图 3-2 所示。

```
t1=30;a=-0.1;w=0.6;               %输入已知条件
t=0:0.1:t1;                       %建立时间序列
x=exp((a+j*w)*t);                 %建立信号
subplot(1,2,1),plot(t,real(x));   %作实部图
title('复指数信号的实部');
subplot(1,2,2),plot(t,imag(x));   %作虚部图
title('复指数信号的虚部');
```

（3）Sa(t)信号

用 MATLAB 中的 sinc( ) 子函数可以获得 Sa(t) 信号。

【例 3-3】 计算 $f(t)=\mathrm{Sa}(\pi t/4)=\dfrac{\sin(\pi t/4)}{\pi t/4}$（$-2\pi<t<2\pi$）。

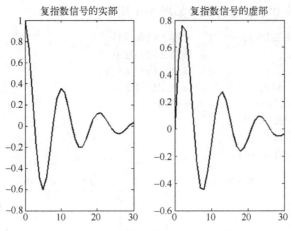

图 3-2 复指数信号的实部和虚部

解：MATLAB 程序如下，运行结果如图 3-3 所示。

```
dt = 1/100 * pi;            %确定时间间隔
t = -2 * pi:dt:2 * pi;      %建立时间序列
f = sinc(pi * t/4);         %建立信号
plot(t,f);                  %作图
axis([-2 * pi,2 * pi,1.1 * min(f),1.1 * max(f)]);
title('Sa(t)信号');
ylabel('f(t)');xlabel('t');
```

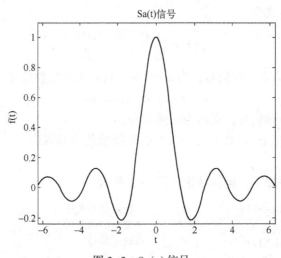

图 3-3 Sa(t)信号

(4) 单位冲激信号

单位冲激信号的表达式为

$$\begin{cases} \int_{-\infty}^{\infty} \delta(t) \, dt = 1 \\ \delta(t) = 0 \quad t \neq 0 \end{cases} \quad \text{或} \quad \begin{cases} \int_{-\infty}^{\infty} \delta(t - t_0) \, dt = 1 \\ \delta(t - t_0) = 0 \quad t \neq t_0 \end{cases}$$

【例 3-4】 在 $t=3$ ($0 \leqslant t \leqslant 10$) 处产生一个持续时间为 0.1，面积为 1 的单位冲激信号。

解：MATLAB 程序如下，运行结果如图 3-4 所示。

```
t0=0;tf=10;t1=3;dt=0.1;              %输入已知条件
t=t0:dt:tf;                          %建立时间序列
N=length(t);                         %求 t 的样点个数
n1=floor((t1-t0)/dt);                %求 t1 对应的样本序号
x1=zeros(1,N);                       %把全部信号先初始化为 0
x1(n1)=1/dt;                         %给出 t1 处单位冲激信号
stairs(t,x1);                        %绘图,注意为何用 stairs()函数而不用 plot()函数
axis([0 10 -0.5 1.1/dt]);            %为了使脉冲顶部避开图框,改变图框坐标
title('单位冲激信号');                 %标注图名
```

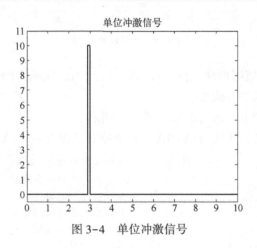

图 3-4　单位冲激信号

(5) 单位阶跃信号

单位阶跃信号的表达式为

$$u(t)=\begin{cases}0 & t<0 \\ 1 & t\geq 0\end{cases} \quad \text{或} \quad u(t-t_0)=\begin{cases}0 & t<t_0 \\ 1 & t\geq t_0\end{cases}$$

【例 3-5】用 MATLAB 产生一个单位阶跃信号。在 $0\leq t\leq 10$ 条件下，$t=5$ 处有一个跃变，之后信号值为 1。

解：MATLAB 程序如下，运行结果如图 3-5 所示。

```
t0=0;tf=10;t1=5;dt=0.1;
t=t0:dt:tf;
N=length(t);                         %求 t 的样点个数
n1=floor((t1-t0)/dt);                %求 t1 对应的样本序号
x2=[zeros(1,n1-1),ones(1,N-n1+1)];   %产生阶跃信号
stairs(t,x2);                        %绘图,注意为何用 stairs()函数而不用 plot()函数
axis([0 10 -0.1 1.1]);               %为了使脉冲顶部避开图框,改变图框坐标
title('单位阶跃信号');                 %标注图名
```

(6) 正弦信号

正弦信号的表达式为

$$x(t)=U_m\sin(\omega_0 t+\theta)$$

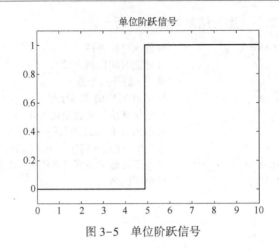

图 3-5 单位阶跃信号

【例 3-6】 已知一时域周期性正弦信号的频率为 1 Hz，振幅为 1 V。每个周期用 32 点采样，显示两个周期的正弦信号波形。

解：MATLAB 程序如下，运行结果如图 3-6 所示。

注意：正弦信号的振幅范围为 $-1 \sim 1$ V，即峰峰值范围是 $-1 \sim 1$ V。

```
f=1;Um=1;nt=2;                              %输入信号频率、振幅,显示周期数
N=32;T=1/f;                                 %N 为信号的一个周期的采样点数,T 为信号周期
dt=T/N;                                     %采样时间间隔
n=0:nt*N-1;                                 %建立离散的时间序列
t=n*dt;                                     %确定时间序列样点在时间轴上的位置
x=Um*sin(2*f*pi*t);                         %建立信号
plot(t,x);                                  %显示信号
axis([0 nt*T 1.1*min(x) 1.1*max(x)]);       %限定显示范围
title('正弦信号');
ylabel('x(t)');xlabel('t');
```

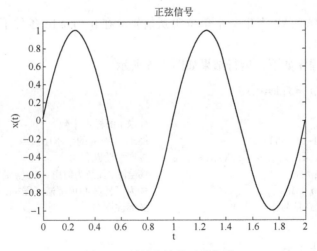

图 3-6 时域连续的正弦信号

(7) 锯齿波（三角波）信号

MATLAB 中的 sawtooth( )子函数可以产生周期性锯齿波或三角波信号。

【例 3-7】已知信号频率为 10 Hz，采样频率 $F_S = 200$ Hz，振幅范围为 $-1 \sim 1$ V，显示两个周期的锯齿波信号和三角波信号波形。

解：MATLAB 程序如下，运行结果如图 3-7 所示。

注意：对于直接用 sawtooth( )子函数产生的信号波形，其振幅范围为 $-1 \sim 1$ V，因此，本例程序不用做特别处理。另外，在建立信号的时间序列 t 时，本例采用了与例 3-6 不同的方法，但结果一致。

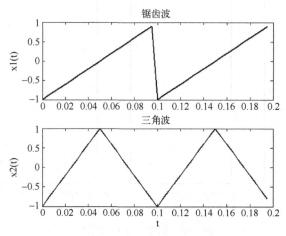

图 3-7 周期性锯齿波信号与三角波信号

```
f=10;Um=1;nt=2;              %输入信号频率、振幅，显示周期个数
FS=200;N=FS/f;               %输入采样频率，求采样点数 N
T=1/f;                       %T 为信号的周期
dt=T/N;                      %采样时间间隔
t=0:dt:nt*T;                 %建立信号的时间序列
x1=Um*sawtooth(2*f*pi*t);    %产生锯齿波信号
x2=Um*sawtooth(2*f*pi*t,0.5);%产生三角波信号
subplot(2,1,1);plot(t,x1);   %显示锯齿波信号
ylabel('x1(t)');title('锯齿波');
subplot(2,1,2);plot(t,x2);   %显示三角波信号
ylabel('x2(t)');title('三角波');
xlabel('t');
```

(8) 矩形波信号

MATLAB 子函数 square( )可以获得周期性矩形波信号。

【例 3-8】已知一个连续的周期性矩形波信号频率为 1 Hz，信号振幅范围为 $0 \sim 2$ V，脉冲宽度与周期的比例为 1:4，用 512 点采样，要求在窗口中显示两个周期的矩形波信号的波形。

解：MATLAB 程序如下，运行结果如图 3-8 所示。

```
f1=1;Um=1;N=512;             %输入基波频率、振幅、采样点数
T=1/f1;nt=2;                 %确定信号的周期
dt=T/N;                      %确定采样间隔
```

```
t=0:dt:nt*T;                    %建立信号的时间序列
xt=Um*square(2*pi*f1*t,25)+1;   %产生矩形波信号
stairs(t,xt);                    %绘图
title('矩形波信号');ylabel('x(t)');
axis([0,nt*T,-0.1,1.1*max(xt)]);
```

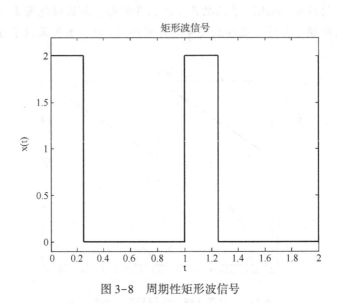

图3-8　周期性矩形波信号

注意：如果直接用square()子函数产生矩形波信号的波形，则其振幅范围是-1~1V。为了使其信号振幅范围变为0~2V，我们在程序上进行了相应处理。

3. 离散时间信号

在时间轴的离散点上取值的信号称为离散时间信号。通常，离散时间信号用$x(n)$表示，其振幅可以在某一范围内连续取值。

由于实际使用的离散时间信号往往由计算机或专用的信号处理芯片等产生，通常以有限的位数来表示信号的振幅，因此，信号的振幅必须"量化"，即取离散值。于是，我们把时间和振幅上均取离散值的信号称为时域离散信号或数字信号。

本书主要研究的离散信号为在时间轴的离散点上取值的信号，不考虑其振幅上的量化问题，即研究的是离散时间信号，而不是严格意义上的数字信号。

4. 离散时间信号的产生

常用的离散时间信号有离散时间序列、指数序列、正弦序列、周期方波序列、单位阶跃序列、单位脉冲序列、矩形脉冲序列、单位斜坡序列、单边衰减指数序列、随机序列、滑动平均信号等。

在MATLAB中处理数组时，下标约定为从1开始递增，如$x=[5,4,3,2,1,0]$表示$x(1)=5$、$x(2)=4$、$x(3)=3$……因此，要表示一个下标不从1开始的数组$x(n)$，一般采用两个矢量。

(1) 离散时间序列

【**例3-9**】产生一个离散时间序列$x[k]=[2,3,-3,-2,3,-4,1]$。

解：MATLAB 程序如下，运行结果如图 3-9 所示。

```
k = -3:3;
x = [2,3,-3,-2,3,-4,1];
stem(k,x);
axis([-4,4,-5,5]);
xlabel('时间(k)');ylabel('振幅(x[k])');title('离散时间序列');
```

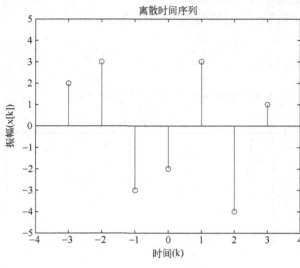

图 3-9　离散时间序列

(2) 正弦序列

【例 3-10】产生一个正弦序列 $x[k] = 0.5\sin(\pi k/3)$。

解：MATLAB 程序如下，运行结果如图 3-10 所示。

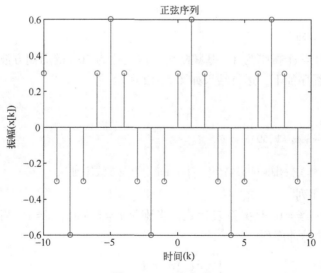

图 3-10　正弦序列

```
k = -10:10;
omega=pi/3;
x = 0.6*sin(omega*k+pi/6);
stem(k,x);
xlabel('时间(k)');ylabel('振幅(x[k])');title('正弦序列');
```

(3) 指数序列

【例3-11】产生指数序列 $x[k] = 0.5 \times (1/3)^k$。

解：MATLAB程序如下，运行结果如图3-11所示。

```
k = -1:10;
x = 0.5*(1/3).^k;
stem(k,x);
xlabel('时间(k)');ylabel('振幅(x[k])');title('指数序列');
```

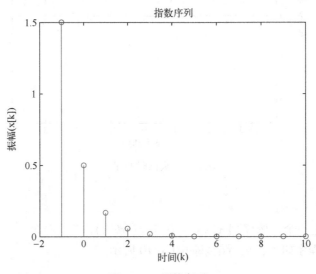

图3-11 指数序列

(4) 周期方波序列

【例3-12】产生一个振幅为1、基频随机、占空比为50%的周期方波序列。

解：MATLAB程序如下，运行结果如图3-12所示。

```
omega=pi/4;
k = -10:10;
x = square(omega*k,50);
stem(k,x);
xlabel('时间(k)');ylabel('振幅(x[k])');title('周期方波序列');
```

(5) 单位脉冲序列

【例3-13】$x=(a==0)$ 是关系表达式，当满足 $a==0$ 时，$x=1$；当不满足 $a==0$ 时，$x=0$。产生一个单位脉冲序列

$$\begin{cases} \int_{-\infty}^{\infty} \delta(t) \mathrm{d}t = 1 \\ \delta(t) = 0 \qquad t \neq 0 \end{cases}$$

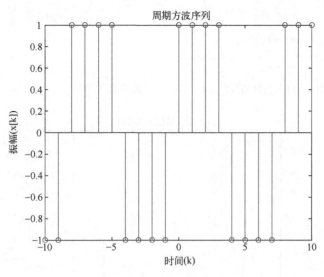

图 3-12　周期方波序列

解：MATLAB 程序如下，运行结果如图 3-13 所示。

```
k = -4:20;
n = 3;
x = [(k-n) = =0];stem(k,x);
xlabel('时间(k)');ylabel('振幅(x[k])');title('单位脉冲序列');
```

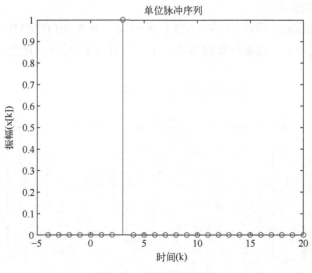

图 3-13　单位脉冲序列

(6) 单位阶跃序列

【**例 3-14**】 zeros(1,n) 函数产生 1 行、n 列的由 0 组成的矩阵，ones(1,n) 函数产生 1 行、n 列的由 1 组成的矩阵。产生一个单位阶跃序列 $u[k-3]$。

解：MATLAB 程序如下，运行结果如图 3-14 所示。

```
k = -3:6;
x = [zeros(1,4),ones(1,6)];
axis([-3,6,-0.1,1.1]);
stem(k,x)
xlabel('时间(k)');ylabel('振幅(x[k])');title('单位阶跃序列');
```

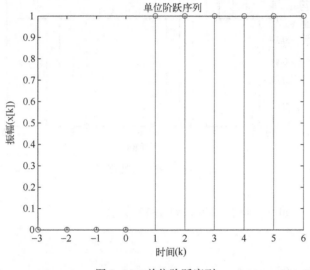

图 3-14　单位阶跃序列

(7) 随机白噪声序列

【例 3-15】 函数 rand( ) 可产生在 [0,1] 区间均匀分布的白噪声序列，函数 randn( ) 可产生均值为 0、方差为 1 的高斯分布白噪声。请在 [-0.4,0.4] 区间产生一个均匀分布的白噪声序列。

解： MATLAB 程序如下，运行结果如图 3-15 所示。

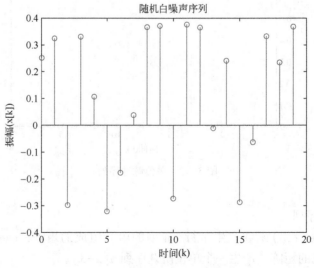

图 3-15　随机白噪声序列

```
N = 20;k = 0:N-1;
x = 0.8*(rand(1,N)-0.5);
stem(k,x);
xlabel('时间(k)');ylabel('振幅(x[k])');title('随机白噪声序列');
```

(8) 滑动平均信号

【例3-16】 受噪声干扰的信号 $y[k]$，其中 $s[k]$ 是原始信号，$d[k]$ 是噪声，M 点滑动平均系统的输入与输出关系为 $y[k]=s[k]d[k]$。

解：MATLAB 程序如下，运行结果如图 3-16 所示。

```
N = 51;                    %输入信号的长度
d = rand(1,N)-0.5;         %噪声信号
k = 0:(N-1);
s = 2*k.*(0.9.^k);         %原始信号
x = s+d;                   %加噪信号
figure(1);plot(k,s,'r--',k,x,'b-',k,d,'g-.');
xlabel('时间(k)');ylabel('振幅(x[k])');title('加噪信号');
legend('s[k]','x[k]','d[k]');
M = 5;b = ones(M,1)/M;a = 1;
y = filter(b,a,x);
figure(2);plot(k,s,'r--',k,y,'b-');
legend('s[k]','y[k]');
xlabel('时间(k)');ylabel('振幅(y[k])');title('平滑信号');
```

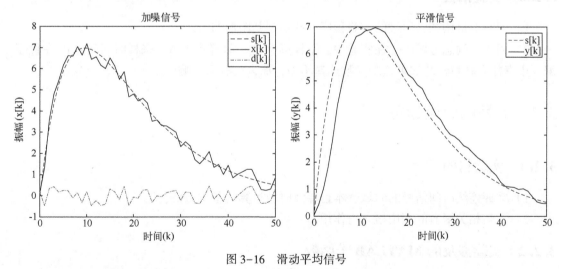

图 3-16 滑动平均信号

3.1.4 实验准备

1) 认真阅读实验原理部分，明确本次实验的目的和基本方法。
2) 理解例题程序，明确实验任务（见 3.1.5 节），根据实验任务要求运行或编写程序。

3.1.5 实验任务

1) 运行实验原理部分所有例题中的程序，掌握相关信号产生的方法和相关函数的

使用。

2) 编写程序,绘制下列连续时间信号的波形。

① $f(t)=\delta(t-2)+\delta(t-4)$ $(0<t<10)$

② $f(t)=e^{-t}\sin(2\pi t)$ $(0<t<3)$

③ $f(t)=\dfrac{\sin(\pi t/2)}{\pi t/2}$ $(-2\pi<t<2\pi)$

④ $f(t)=2e^{(0.1+j0.6\pi)t}$ $(0<t<6\pi)$

⑤ $f(t)=u(t+3)-u(t-2)$ $(-6<t<10)$

3) 编写程序,绘制下列离散时间信号的波形。

① $x[k]=0.5\sin(\pi k/3)$

② $x[k]=0.3\times(1/2)^k$

③ $x[k]=0.9^k[\sin(0.25\pi k)+\cos(0.25\pi k)]$ $(-20<k\leqslant 20)$

④ $x[k]=3e^{2k}+\delta[k+5]$ $(-15<k\leqslant 15)$

4) 试用 MATLAB 子函数 square( ) 产生矩形波,频率 $f=200$ Hz,振幅范围为 $-1\sim 1$,一个周期内选取 16 个采样点,显示 3 个周期的波形。

5) 试用 MATLAB 子函数 sawtooth( ) 产生锯齿波,频率 $f=3$ kHz,振幅范围为 $0\sim 1$,一个周期内选取 32 个采样点,显示两个周期的波形。

3.1.6 实验报告

1) 列写上机调试已通过的实验程序,并绘制其图形曲线。

2) 回答下列思考题:①在实验中,采样频率 F_s、采样点数 N、采样时间间隔 dt 在程序编写中有什么联系?②如果这些参数选择不当,那么会有何影响?

3.2 信号的时域运算

3.2.1 实验目的

1) 掌握连续时间信号的时域基本运算及时域运算的基本方法。

2) 了解相关函数的调用格式与作用。

3.2.2 实验涉及的 MATLAB 子函数

1. stepfun( )

功能:产生一个阶跃信号。

调用格式:

```
stepfun(t,t0);    %在时间区间 t 内产生一个阶跃信号,t0 是信号发生跳变的时刻
```

2. diff( )

功能:求微分或差分。

调用格式:

```
diff(f);        %求函数对预设独立变量的一次微分或一阶差分
diff(f,'t');    %求函数 f 对独立变量 t 的一次微分
```

3. int( )

功能：求积分。

调用格式：

```
int(f);         %求函数 f 对预设独立变量的积分
int(f,'t');     %求函数 f 对独立变量 t 的积分
```

4. fliplr( )

功能：实现矩阵行元素的左右翻转。

调用格式：

```
B=fliplr(A);    %A 为要翻转的矩阵
```

5. sym( )

功能：定义信号为符号变量。

调用格式：

```
x = sym('变量名'或'表达式');    %创建符号变量 x
syms a x;                       %定义符号变量 a 和 x
```

6. ezplot( )

功能：在一定范围内，绘制符号函数的二维图形。

调用格式：

```
ezplot(f);              %在[-2π,2π]区间绘制符号函数 f
ezplot(f,[min,max]);    %在[min,max]区间绘制符号函数 f
```

3.2.3 实验原理

信号的基本运算包括信号的相加（减）和相乘（除）。信号的时域变换包括信号的延时或平移、翻转、倒相和尺度变换等。为了与后面将要介绍的信号的卷积等复杂运算相区别，这里介绍的信号处理称为"基本运算"。

1. 信号的基本运算

常用连续时间信号的基本运算的 MATLAB 代码实现如表 3-1 所示。常用离散时间信号的基本运算的 MATLAB 代码实现如表 3-2 所示。

表 3-1 常用连续时间信号的基本运算的 MATLAB 代码实现

运 算 名 称	数学表达式	MATLAB 代码实现
加（减）	$y(t)=x_1(t)\pm x_2(t)$	y=x₁±x₂
乘	$y(t)=x_1(t)\cdot x_2(t)$	y=x₁.*x₂
除	$y(t)=x_1(t)/x_2(t)$	y=x₁./x₂
延时或平移	$y(t)=x(t-t_0)$	y=x(t-t₀)
翻转	$y(t)=x(-t)$	y=x(-t)
尺度变换	$y(t)=x(at)$	y=x(a*t)

(续)

运算名称	数学表达式	MATLAB 代码实现
标量乘法	$y(t)=ax(t)$	y=a*x
倒相	$y(t)=-x(t)$	y=-x
微分	$y(t)=\dfrac{dx(t)}{dt}$	y=diff(x)
积分	$y(t)=\int_{-\infty}^{t}x(\tau)d\tau$	y=int(x)

表 3-2 常用离散时间信号的基本运算的 MATLAB 代码实现

运算名称	数学表达式	MATLAB 代码实现
加（减）	$y[k]=x_1[k]\pm x_2[k]$	y=x_1±x_2
乘	$y[k]=x_1[k]\cdot x_2[k]$	y=x_1.*x_2
延时或平移	$y[k]=x[k-n]$	y=[zeros(1,n),x]
翻转	$y[k]=x[-k]$	y=-x
求和	$y[k]=\sum_{k=-n_1}^{n_2}x(n)$	y=sum(x(n1:n2))
累加	$y[k]=\sum_{k=-\infty}^{n_2}x(n)$	y=cumsum(x)
振幅变化	$y[k]=ax[k]$	y=a*x
倒相	$y(t)=-x[k]$	y=-x
差分	$y(t)=x[k+1]-x[k]$	y=diff(x)
能量	$E_x=\sum_{k=-\infty}^{\infty}|x[k]|^2$	y=sum(abs(x)^2)
功率	$P_x=\dfrac{1}{N}\sum_{k=-\infty}^{\infty}|x[k]|^2$	y=sum(abs(x)^2)/N

2. 信号的时域变换

（1）连续时间信号的时移

【例 3-17】 将函数 $y(t)=\sin 2\pi t$ 向右平移 0.2，变为 $y(t)=\sin 2\pi(t-0.2)$，并绘制前后波形。

解： MATLAB 程序如下，运行结果如图 3-17 所示。

```
t = 0:0.001:2;
y = sin(2*pi*t);
y1 = sin(2*pi*(t-0.2));
plot(t,y,'-',t,y1,'--');
xlabel('t');ylabel('y(t)');title('信号的平移');
```

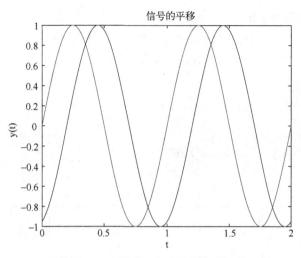

图 3-17 连续时间信号及其时移信号

(2) 连续时间信号的翻转

【例 3-18】 信号的翻转是将信号的波形以纵轴为对称轴翻转 180°，将信号 $y(t)$ 中的自变量 t 替换为 $-t$ 即可。

解： MATLAB 程序如下，运行结果如图 3-18 所示。

```
t1 = 0:0.02:1;
t2 = -1:0.02:0;
a = 2;
y1 = 3 * t1+a;
y2 = 3 * (-t2)+a;
grid on;
plot(t1,y1,t2,y2,'--');
xlabel('t');ylabel('y(t)');title('信号的翻转');
legend('y1','y2');
```

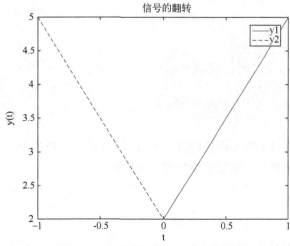

图 3-18 连续时间信号及其翻转信号

(3) 连续时间信号的倒相

【例 3-19】 将信号 $y(t)$ 以横轴为对称轴对折得到倒相信号 $-y(t)$。

解：MATLAB 程序如下，运行结果如图 3-19 所示。

```
t = -1:0.01:1;
y1 = 3*t.*t;
y2 = -3*t.^2;
plot(t,y1,t,y2,'--');
xlabel('t');ylabel('y(t)');title('信号倒相');
legend('y1','y2');
```

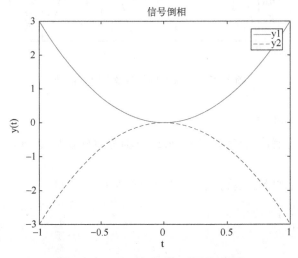

图 3-19 连续时间信号及其倒相信号

(4) 微分

【例 3-20】 采用符号函数绘图法绘制信号的一阶导数波形。

解：MATLAB 程序如下，运行结果如图 3-20 所示。

```
syms t;
y1 = sym('t*t');
y2 = diff(y1);
figure(1);ezplot(y1);
xlabel('t');ylabel('y1(t)');title('原信号');
figure(2);ezplot(y2);
xlabel('t');ylabel('y2(t)');title('微分信号');
```

(5) 积分

【例 3-21】 采用符号函数绘图法绘制信号在区间 $(-\infty,t)$ 的波形。

解：MATLAB 程序如下，运行结果如图 3-21 所示。

```
syms t;
y1 = sym('t*t');
y2 = int(y1);
figure(1);ezplot(y1);
xlabel('t');ylabel('y1(t)');title('原信号');
```

```
figure(2);ezplot(y2);
xlabel('t');ylabel('y2(t)');title('积分信号');
```

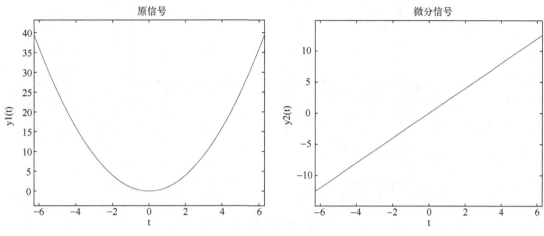

图 3-20　原信号及其微分信号

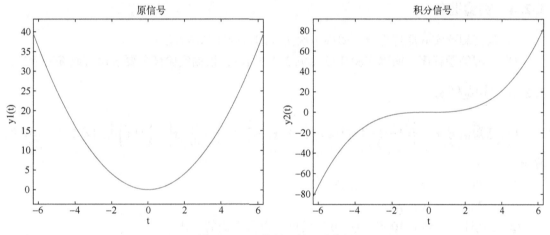

图 3-21　原信号及其积分信号

（6）序列的翻转

【例 3-22】 以 $k=0$ 点为对称中心将序列翻转 180°。

解：MATLAB 程序如下，运行结果如图 3-22 所示。

```
x = [-3,-2,-1,-1,1,3,3];
k = -2:4;
k1 = -fliplr(k);
y = fliplr(x);        % 矩阵翻转
grid on;
subplot(1,2,1);stem(k,x);
xlabel('k');ylabel('x[k])');title('原序列');
subplot(1,2,2);stem(k1,y);
xlabel('k');ylabel('y[k])');title('翻转序列');
```

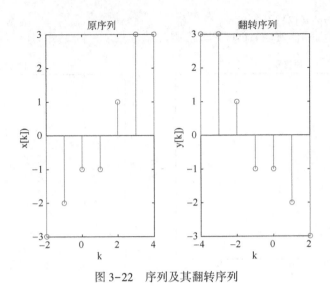

图 3-22 序列及其翻转序列

3.2.4 实验准备

1) 认真阅读实验原理部分，明确本次实验的目的和基本方法。
2) 理解例题程序，明确实验任务（见 3.2.5 节），根据实验任务要求运行或编写程序。

3.2.5 实验任务

1) 已知信号 $x(t) = 1 - t(-1 \leqslant t \leqslant 1)$，求 $x\left(-\dfrac{1}{2}t + 1\right)$、$\dfrac{\mathrm{d}}{\mathrm{d}t}\left[x\left(-\dfrac{1}{2}t + 1\right)\right]$、$\int x(2-\tau)\mathrm{d}\tau$ 的波形。

2) 已知无限长序列 $x[k] = 0.5^k u[k]$。
① 计算信号的总能量。
② 分别计算序列前 10 点、前 20 点的能量以及它们的占比。

3.2.6 实验报告

列写上机调试已通过的实验程序，并描绘其图形曲线。

3.3 连续时间信号的傅里叶分析

3.3.1 实验目的

1) 了解傅里叶分析的基本概念，初步掌握 MATLAB 中连续时间信号频谱的分析方法。
2) 熟悉 MATLAB 中有关傅里叶分析的子函数。
3) 用 MATLAB 图形观察"吉布斯"现象。

3.3.2 实验涉及的 MATLAB 子函数

1. linspace( )

功能：对向量进行线性分割。

调用格式：

```
linspace(a,b,n);    %在 a 和 b 之间均匀地产生 n 个点值，形成 1×n 阶向量
```

2. grid( )

功能：在指定的图形坐标上绘制分格线。

调用格式：

```
grid;         %紧跟在要绘制分格线的绘图指令后面，如 plot(t,y);grid
grid  on;     %绘制分格线
grid  off;    %不绘制分格线
```

3. mesh( )

功能：作三维网格图。

调用格式：

```
mesh(z);        %绘制一个网格图，并将 z 中元素的列索引和行索引用作 x 坐标与 y 坐标
mesh(x,y,z);    %创建一个网格图，该网格图为三维曲面，有实色边颜色，无面颜色。该函数
                %将矩阵 z 中的值绘制为由 x 和 y 定义的 x-y 平面中的网格上方的高度。
                %边颜色因 z 指定的高度而异
```

3.3.3 实验原理

1. 用傅里叶分析求解连续时间信号的频谱

如果一个周期性连续时间信号的波形 $f(t)$ 满足狄利克雷（Dirichlet）条件，则可通过傅里叶级数求得其频谱

$$F(n\omega_1) = \frac{1}{T_1}\int_{-\frac{T_1}{2}}^{\frac{T_1}{2}} f(t) e^{-jn\omega_1 t} dt$$

其逆变换表达式为

$$f(t) = \sum_{n=-\infty}^{\infty} F(n\omega_1) e^{jn\omega_1 t}$$

而对于一个非周期性连续时间信号波形 $f(t)$，其频谱可由傅里叶变换求得

$$F(\omega) = \int_{-\infty}^{\infty} f(t) e^{-j\omega t} dt$$

其逆变换表达式为

$$f(t) = \frac{1}{2\pi}\int_{-\infty}^{\infty} F(\omega) e^{j\omega t} d\omega$$

在利用计算机程序处理连续时间信号时，首先将信号离散化和窗口化，这样才能用 MATLAB 进行频谱分析。

处理时，一般是把周期性信号的一个周期作为窗口显示的内容，而对于非周期性信号，则将信号的非零部分作为窗口显示的内容。然后，可将一个窗口的长度看成一个周期，并分为 N 份。此时，原来的连续时间信号实际上已经转化为离散时间信号了。在进行频谱分析时，可以根据傅里叶级数或傅里叶变换公式编写程序。

2. 用傅里叶变换分析求解非周期性信号的频谱

下面例题用傅里叶变换编写程序,以进行非周期性信号的频谱分析。

【例 3-23】 设一非周期性矩形信号 $x(t)$ 的脉冲宽度为 1 ms,信号持续时间为 2 ms,0~2 ms 范围以外的信号为 0。

1) 试求它含有 20 次谐波的信号的频谱特性。

2) 绘制其傅里叶逆变换的波形,并与原时间信号的波形进行比较。

解:取窗口长度为 0~2 ms。由题意可知,信号 $x(t)$ 的傅里叶变换为

$$X(\omega) = \int_{-\infty}^{\infty} x(t) e^{-j\omega t} dt = \int_{0}^{2} x(t) e^{-j\omega t} dt$$

按照 MATLAB 作数值计算的要求,必须把 t 分成 N 份,用相加来代替积分,对于任一给定的 ω,可写成

$$X(\omega) = \sum_{n=1}^{N} x(t_n) e^{-j\omega t_n} \Delta t = [x(t_1), \cdots, x(t_N)][e^{-j\omega t_1}, \cdots, e^{-j\omega t_N}]' \Delta t$$

由上式可见,求和问题可以用 $x(t)$ 行向量乘以 $e^{j\omega t}$ 列向量的方式来解决。此处的 Δt 是 t 的增量,在程序中,将用 dt 代替。

求解一系列不同的 ω 处的 X 值都使用同一公式,这就可以利用 MATLAB 的数组运算方法,把 w 设成一个行数组,代入上式的 ω 中(程序中把 ω 写成 w),则有

$$X = x\exp(-j \times t' \times w) dt$$

式中,x 与 t 必须是等长的。exp 中的 t' 是列向量,w 是行向量,$t' \times w$ 是一个矩阵,其行数与 t' 相同,列数与 w 相同。类似地,可以得到傅里叶逆变换的表达式。相关程序如下:

```
%非周期性矩形信号的频谱
T=2;f1=1/T;N=256;                    %输入窗口长度、频率和采样点数
%进行时间分割,在 0~T 间均匀地产生 N 点,每两点的间隔为 dt
t=linspace(0,T,N);
dt=T/(N-1);
x=[ones(1,N/2),zeros(1,N/2)];        %建立时间信号 x(t)
%进行频率分割,在-20~20 次谐波间均匀地产生 N 点
f=linspace(-(20*f1),(20*f1),N);
w=2*pi*f;
X=x*exp(-j*t'*w)*dt;                 %求信号 x(t)的傅里叶变换
subplot(1,2,1),plot(f,abs(X)),grid   %作振幅频谱图
title('非周期性矩形信号的振幅频谱');
dw=(20*2*pi*f1)/(N-1);               %求两个频率样点的间隔
x2=X*exp(j*w'*t)/pi*dw;              %求傅里叶逆变换
%同时显示原时间信号和傅里叶逆变换取-20~20 次谐波还原的信号
subplot(1,2,2),plot(t,x,t,x2),grid
title('原信号与傅里叶变换');
```

上述程序的执行结果如图 3-23 所示。其中,图 3-23a 为矩形信号的振幅频谱图;由题目给定的条件可知,这个信号是一个非周期性信号,因此,采用 plot( ) 子函数作连续频谱图。

图 3-23b 为该频谱的傅里叶逆变换的波形与原波形的比较图。由于方波含有丰富的高频分量,而该程序只取其中 0~20 次谐波部分,因此,傅里叶逆变换的波形有失真。在实践

中，我们要充分恢复其原信号波形需要很宽的频带，不可能完全做到。

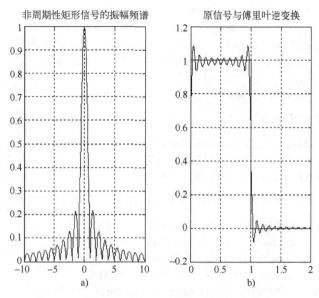

图 3-23　例 3-23 程序运行结果

3. 周期性信号的频谱

在对周期性信号进行频谱分析时，可以根据傅里叶级数公式编写程序。

【例 3-24】设一时域周期方波 $x(t)$，振幅 $E=1.2\text{ V}$，周期 $T=100\text{ μs}$，脉冲宽度与周期之比为 $\tau/T=1/2$，时间轴上的采样点数取 1000。

1) 试求它含有 20 次谐波的信号的频谱特性。
2) 求其傅里叶逆变换波形，并与原时间波形进行比较。
3) 计算频谱中基波到 10 次谐波的振幅、有效值和电压电平值。

解：取窗口长度为 $0 \sim T$。由题意可知，信号 $x(t)$ 的傅里叶级数公式为

$$X(n\omega_1) = \frac{1}{T}\int_0^T x(t)\mathrm{e}^{-jn\omega_1 t}\mathrm{d}t$$

傅里叶级数逆变换公式为

$$x(t) = \sum_{n=-20}^{20} X(n\omega_1)\mathrm{e}^{jn\omega_1 t}$$

编程时的处理方法与非周期性信号类似，只是在频谱图上进行频率分割时，需要按照谐波的次数 n 来处理，因为傅里叶级数公式与傅里叶变换公式不同。相关程序如下。

```
%周期性信号的频谱
T=100;f1=1/T;N=1000;            %输入信号的周期、频率和采样点数
%进行时间分割,在0~T间均匀地产生N点,每两点的间隔为dt
t=linspace(0,T,N);
dt=T/(N-1);
x=1.2*[ones(1,N/2),zeros(1,N/2)];  %建立时间信号 x(t)
%进行频率分割,在-20~20次谐波间产生n点
n=[-20:20];
w1=2*pi*f1;
```

```
        X = x * exp(-j * t' * n * w1) * dt/T;        %求信号 x(t)的傅里叶级数
        subplot(1,2,1),stem(n,abs(X)),grid
        title('周期性矩形信号的振幅频谱');
        x2 = X * exp(j * n' * w1 * t);               %求傅里叶级数逆变换
        %同时显示原时间信号和傅里叶逆变换取-20~20次谐波还原的信号
        subplot(1,2,2),plot(t,x,t,x2),grid
        title('原信号与傅里叶逆变换');
```

如果在上述程序段中加入

```
        Cn = 2 * abs(X(22:31))      %仅取正频率轴1~10次谐波,振幅扩大两倍
        U = Cn/sqrt(2)              %计算电压有效值
        pu = 20 * log10(U/0.775)    %计算电压电平值
```

则可以计算 1~10 次谐波的振幅、有效值和电压电平值。在 MATLAB 命令窗口中，将显示

```
        Cn = 0.7639      0.0012      0.2546      0.0012      0.1528
             0.0012      0.1091      0.0012      0.0849      0.0012
        U  = 0.5402      0.0008      0.1801      0.0008      0.1080
             0.0008      0.0772      0.0008      0.0600      0.0008
        pu = -3.1351    -59.2040    -12.6775    -59.2038    -17.1144
            -59.2036    -20.0369    -59.2033    -22.2197    -59.2029
```

计算结果与理论值和测量值基本一致。

由图 3-24 可知，周期性矩形信号的频谱为离散谱。其傅里叶级数逆变换的波形与例 3-23 中的非周期性矩形信号傅里叶逆变换的波形有所不同，在一个周期的末端，终点回到振幅的一半处。

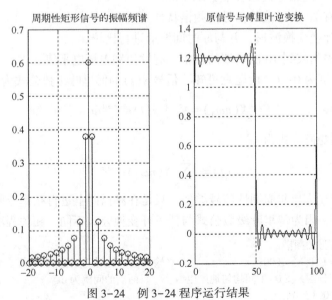

图 3-24 例 3-24 程序运行结果

4. 用 MATLAB 图形观察"吉布斯"现象

由前面的分析可知，将任意周期性信号表示为傅里叶级数时，需要无限多项才能逼近原信号，但在实际应用中，经常采用有限项级数来代替无限项级数。所选项数越多，越接近原

信号。当原信号是脉冲信号时,其高频分量主要影响脉冲的跳变沿,低频分量主要影响脉冲的顶部,因此,输出信号波形总是要发生失真,这称为"吉布斯"现象。从例3-24傅里叶逆变换还原的波形中,我们已经可以看到这一现象。为了更清楚地观察这一现象,下面用MATLAB编写程序的方式来进一步说明。

【例3-25】 一个以原点为中心奇对称的周期性方波,可以用奇次正弦波的叠加来逼近,即

$$y(t) = \sin\omega_1 t + \frac{1}{3}\sin 3\omega_1 t + \frac{1}{5}\sin 5\omega_1 t + \frac{1}{7}\sin 7\omega_1 t + \cdots + \frac{1}{2k-1}\sin(2k-1)\omega_1 t + \cdots$$

假定方波的脉冲宽度为 400 μs,周期为 800 μs,观察正弦波分别取 1~7 次谐波的情况。注意,本例只观察方波半个周期的波形。

解: 其程序如下,运行结果如图 3-25 所示。

```
T1=800;dt=1;t=0:dt:T1/2;        %t 只取方波半个周期
n=floor(T1/2/dt);                %取 T1/2 对应的样本序号
y=[ones(1,n+1)];                 %建立原信号
subplot(2,2,1),plot(t,y);
axis([0 400 0 1.2]);title('原信号');
w1=2*pi/T1;
y1=sin(w1*t);                    %基波
subplot(2,2,2),plot(t,y1);
axis([0 400 0 1.2]);title('取基波');
y2=sin(w1*t)+sin(3*w1*t)/3;      %叠加3次谐波
subplot(2,2,3),plot(t,y2);
axis([0 400 0 1.2]);title('取1~3次谐波');
%叠加7次谐波
y3=sin(w1*t)+sin(3*w1*t)/3+sin(5*w1*t)/5+sin(7*w1*t)/7;
subplot(2,2,4),plot(t,y3);
axis([0 400 0 1.2]);title('取1~7次谐波');
```

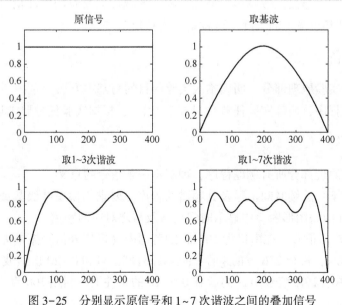

图 3-25 分别显示原信号和 1~7 次谐波之间的叠加信号

【例3-26】观察例3-25由1~19次谐波分别叠加的情况，绘制MATLAB三维网格图。
解： 其程序如下，运行结果如图3-26所示。

```
T1=800;nf=19;
t=0:1:T1/2;
w1=2*pi/T1;N=round((nf+1)/2);    %N为奇次谐波的个数
y=zeros(N,max(size(t)));
x=zeros(size(t));
for k=1:2:nf
    x=x+sin(w1*k*t)/k;
    y((k+1)/2,:)=x;
end
mesh(y);                          %作三维网格图
axis([0 T1/2 0 N 0 1]);
```

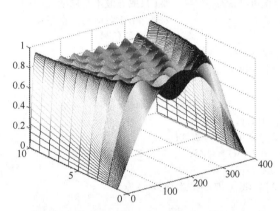

图3-26 方波信号的1~19次谐波叠加波形图

由图3-26可知，谐波次数越多，叠加后的波形越接近原有的方波信号，但总是不能消除波形顶部的波动和边缘上的尖峰，这就是"吉布斯"现象。

3.3.4 实验准备

1）认真阅读实验原理部分，明确本次实验的目的与基本方法。
2）理解例题程序，明确实验任务（见3.3.5节），根据实验任务要求运行或编写程序。

3.3.5 实验任务

1）运行实验原理部分所有例题程序，理解每一条指令的意义。
2）编写产生下列连续时间信号及其频谱的程序。要求用傅里叶级数或傅里叶变换公式进行频谱分析，在同一图形窗口中显示时间信号及与之对应的频谱。

① 已知一个矩形信号，在窗口为100 ms的范围内（窗口外信号振幅为0），脉冲宽度与信号周期之比为1/4，进行256点的采样，显示原时域信号和0~20次谐波频段的频谱特性。

② 已知一个单位冲激信号$\delta(t-3)$，在$0<t<10$的条件下，利用100点作图，显示原时域信号及其频谱图。

③ 已知一个周期性三角波信号频率为 1 Hz，取其一个周期的时间信号，进行 200 点的采样，显示原时域信号和 -20~20 次谐波频段的频谱特性。

3) 用三维网格图显示下列信号的前 20 次谐波叠加情况，并观察"吉布斯"现象。

① 周期性锯齿波信号，假定 $E = 1\,\text{V}$, $f_1 = 5\,\text{kHz}$，其傅里叶级数为

$$f(t) = \frac{E}{\pi}\left(\sin\omega_1 t - \frac{1}{2}\sin 2\omega_1 t + \frac{1}{3}\sin 3\omega_1 t - \frac{1}{4}\sin 4\omega_1 t + \cdots\right)$$

② 周期性矩形信号的 $\frac{\tau}{T_1} = \frac{1}{4}$，假定 $E = 1\,\text{V}$, $f_1 = 1\,\text{kHz}$，其傅里叶级数为

$$f(t) = \frac{E\tau}{T_1} + \frac{2E\tau}{T_1}\sum_{n=1}^{\infty}\text{Sa}\left(\frac{n\pi\tau}{T_1}\right)\cos n\omega_1 t$$

3.3.6 实验报告

1) 列写上机调试已通过的实验程序。
2) 回答下列思考题：
① MATLAB 是如何进行傅里叶变换的？
② 采用什么方法进行积分运算？

3.4 离散时间信号的频谱分析

3.4.1 实验目的

1) 初步掌握 MATLAB 产生常用离散时间信号的编程方法。
2) 学习编写简单的快速傅里叶变换（Fast Fourier Transform，FFT）算法程序，对离散时间信号进行频谱分析。
3) 总结离散时间信号频谱的特点。

3.4.2 实验涉及的 MATLAB 子函数

1. fft( )
功能：一维快速傅里叶变换。
调用格式：

```
y = fft(x);      %利用 FFT 算法计算矢量 x 的一维快速傅里叶变换,当 x 为矩阵时,y 为矩阵 x
                 %每一列的 FFT；当 x 的长度为 2 的幂次方时,则 fft( )函数采用基 2 的 FFT 算
                 %法,否则采用稍慢的混合基算法
y = fft(x,n);    %采用 n 点 FFT 算法。当 x 的长度小于 n 时,fft( )函数在 x 的尾部补零,以构成
                 %n 点数据；当 x 的长度大于 n 时,fft( )函数会截断序列 x；当 x 为矩阵时,fft( )
                 %函数按类似的方式处理列长度
```

2. ifft( )
功能：一维快速傅里叶逆变换（IFFT）。
调用格式：

```
y=ifft(x);      %用于计算矢量 x 的 IFFT。当 x 为矩阵时，计算所得的 y 为矩阵 x 中每一列
                %的 IFFT
y=ifft(x,n);    %采用 n 点 IFFT 算法。当 length(x)<n 时，在 x 中补零；当 length(x)>n 时，
                %将 x 截断，使 length(x)=n
```

3. fftshift( )

功能：对 FFT 的输出进行重新排列，将零频分量移到频谱的中心。

调用格式：

```
y=fftshift(x);  %对 FFT 的输出进行重新排列，将零频分量移到频谱的中心。
                %当 x 为向量时，fftshift(x)直接将 x 中的左右两半交换以产生 y；
                %当 x 为矩阵时，fftshift(x)先将 x 的左右两半进行交换，再将上下两半交换，生成 y
```

3.4.3 实验原理

MATLAB 提供了一些分析信号频谱的有效工具，其中，使用 FFT 子函数是一种方便、快捷的方法。

【例 3-27】 已知一个 8 点的时域非周期性离散信号 $\delta(n-n_0)$，$n_0=1$，用 $N=32$ 点进行快速傅里叶变换，作单位脉冲序列及其频谱图。

解：MATLAB 程序如下，运行结果如图 3-27 所示。

```
n0=1;n1=0;n2=7;N=32;
n=n1:n2;
x=[(n-n0)==0];              %建立时间信号
subplot(2,1,1);stem(n,x);
i=0:N-1;                    %频率采样点从 0 开始
y=fft(x,N);
aw=abs(y);                  %求振幅频谱
subplot(2,1,2);plot(i,aw);
```

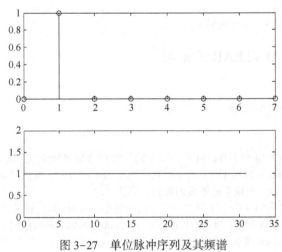

图 3-27 单位脉冲序列及其频谱

【例 3-28】 已知一个 8 点的时域非周期性离散阶跃信号，$n_1=0$，$n_2=7$，在 $n_0=4$ 前，振幅为 0，在 n_0 以后，振幅为 1。用 $N=32$ 点进行快速傅里叶变换，作单位阶跃序列及其频

谱图。

解：MATLAB 程序如下，运行结果如图 3-28 所示。

```
n0=4;n1=0;n2=7;N=32;
n=n1:n2;
x=[(n-n0)>=0];
subplot(2,1,1);stem(n,x);
i=0:N-1;
y=fft(x,N);
aw=abs(y);
subplot(2,1,2);plot(i,aw);
```

注意：上述程序求出的信号频谱是关于采样频率的一半（$F_S/2$）对称的，即显示的是频率范围 $0 \sim F_S$ 的一个周期内的频谱。如果需要求频率对应 $-F_S/2 \sim F_S/2$ 的一个周期内的频谱，则可以使用 fftshift( ) 函数进行位移。

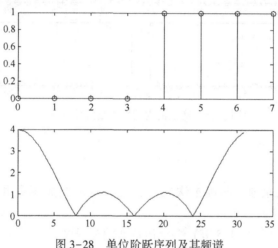

图 3-28 单位阶跃序列及其频谱

【例 3-29】已知一时域周期性正弦信号的频率为 1 Hz，振幅为 1 V，在窗口中显示一个周期的信号波形，对它进行 32 点采样后，进行 32 点的快速傅里叶变换，观察其时域信号、信号频率在 $0 \sim F_S$ 和 $-F_S/2 \sim F_S/2$ 条件下的频谱。

解：MATLAB 程序如下，运行结果如图 3-29 所示。

```
f=1;Um=1;nt=1;              %输入信号频率、振幅和显示周期个数
N=32;T=nt/f                 ;%N 为采样点数，T 为窗口显示时间
dt=T/N                      ;%采样时间间隔
n=0:N-1;
t=n*dt;
xn=Um*sin(2*f*pi*t);        %产生时域信号
subplot(3,1,1);stem(t,xn);  %显示时域信号
axis([0 T 1.1*min(xn) 1.1*max(xn)]);
ylabel('x(n)');
i=0:N-1;
y=fft(xn,N);
AW=abs(y);                  %用FFT子函数求信号的频谱
```

```
AW0=fftshift(AW);
subplot(3,1,2);stem(i,AW,'k');        %显示信号的频谱
ylabel('|X(k)|');
subplot(3,1,3);stem(i,AW0,'k');       %显示零频分量为中心的频谱
ylabel('|X(k)|');
```

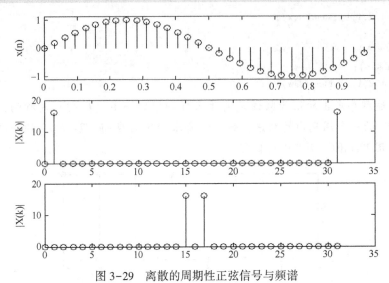

图 3-29　离散的周期性正弦信号与频谱

3.4.4　实验准备

1）认真阅读实验原理，明确本次实验任务，理解相关函数和例题程序，了解实验方法。

2）根据实验任务（见3.4.5节）要求运行或编写程序。

3.4.5　实验任务

1）运行实验原理中介绍的例题程序，理解每一条语句的含义，熟悉MATLAB中离散时间信号和频谱分析常用的子函数。

2）编写求解单位阶跃序列频谱的程序，并显示其时间信号及频谱曲线。

3）编写求解实指数序列频谱的程序，并显示其时间信号及频谱曲线。

4）一个用square()产生的矩形波信号的频率为100 Hz，振幅为2 V，要求对它进行32点的采样并进行FFT运算，显示采样后的时间信号及其频谱图。

5）一个用sawtooth()产生的三角波信号的频率为20 Hz，振幅为1 V，要求对它进行64点的采样并进行FFT运算，显示采样后的时间信号及其频谱图。

3.4.6　实验报告

1）列写通过调试的实验程序。

2）回答下列思考题：

① 离散时间信号的频谱有何特点？

② 与连续时间信号的频谱相比，二者有何异同？

3.5 信号的调制与解调

3.5.1 实验目的

1) 加深对信号的调制与解调基本概念的理解。
2) 初步掌握进行信号振幅、频率和相位调制的方法，观察调制波形。
3) 了解 MATLAB 有关信号调制的子函数。

3.5.2 实验涉及的 MATLAB 子函数

modulate( ) 的功能：进行信号振幅、频率或相位的调制。
调用格式：

Y=modulate(X,Fc,Fs,method,opt);	%X 为被调制信号，Fc 为载波信号的频率，Fs 是对载波 %信号进行采样的频率。Fs 须满足 Fs>2Fc+BW，其中， %BW 为原信号 X 的带宽。method 为调制的方式，调幅 %为 am，调频为 fm，调相为 pm。opt 为额外的可选参 %数，由调制方式确定
[Y,t]=modulate(X,Fc,Fs,method,opt);	%t 为与 Y 等长的时间向量

3.5.3 实验原理

由相关理论可知，若信号要从发射端传输到接收端，就必须进行频率搬移。调制的作用就是进行各种信号的频谱搬移，使它托附在不同频率的载波上，与其他信号互不重叠，占据不同的频率范围，在同一信道内进行互不干扰的传输，实现多路通信。

信号的调制分为振幅调制、频率调制和相位调制。

1. 信号的振幅调制与解调

实际上，信号的振幅调制就是将原时域基带信号与载波信号进行相乘运算；解调是用已调制信号与载波信号进行相乘运算，然后用低通滤波器将原信号分解出来。

【例 3-30】已知一个基带信号为

$$g(t) = 3\sin(\omega_0 t) \quad (\omega_0 = 6)$$

在发射端，被调制成频带信号 $f(t) = g(t)\cos(\omega_c t) \quad (\omega_c = 60)$

在接收端，信号被解调为 $g_0(t) = f(t)\cos(\omega_c t)$

利用低通滤波器

$$H(j\omega) = \begin{cases} 1 & |\omega| < 2\omega_0 + 10 \\ 0 & 其他 \end{cases}$$

恢复出基带信号 $g_1(t)$，并绘制上述各信号的时域波形和频域波形，其中，采样点数 N 取 1000。

解：参考程序如下，该程序采用傅里叶变换进行频谱的求解，运行结果如图 3-30 所示。

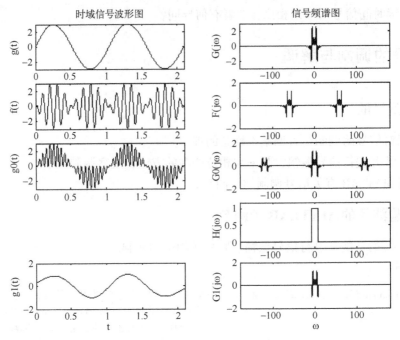

图 3-30 例 3-30 的信号时域波形与信号频域波形

```
omg0 = 6; omgc = 60;
N = 1000; tf = 4 * pi/omg0;                    %N 为采样点数, tf 为时间窗
OMG = 3 * omgc; d1 = 2 * omg0+10;              %OMG 为信号频谱宽度, d1 为低通滤波器频谱宽度
t = linspace(0,tf,N);                          %建立时间序列
g = 3 * sin(omg0 * t);                         %生成原时域基带信号 g(t)
f = g. * cos(omgc * t);                        %进行振幅调制, 得到已调制信号 f(t)
g0 = f. * cos(omgc * t);                       %进行解调, 得到解调信号 g0(t)
dt = tf/N;                                     %求两个时间采样点的间隔
w = linspace(-OMG,OMG,N);                      %建立频率序列
G = g * exp(-j * t' * w) * dt;                 %用傅里叶变换求原基带信号 g(t)的频谱
F = f * exp(-j * t' * w) * dt;                 %用傅里叶变换求已调制信号 f(t)的频谱
G0 = g0 * exp(-j * t' * w) * dt;               %求解调信号 g0(t)的频谱
%建立低通滤波器 H(jw)
H = [zeros(1,(N-2 * d1)/2-1),ones(1,2 * d1+1),zeros(1,(N-2 * d1)/2)];
G1 = G0. * H;                                  %对解调信号 g0(t)进行滤波
dw = 2 * omgc/N;                               %求两个频率采样点的间隔
g1 = G1 * exp(j * w' * t)/pi * dw;             %用傅里叶逆变换求滤波后的时域信号 g1(t)
subplot(5,2,1),plot(t,g);ylabel('g(t)');       %绘制信号时域波形
axis([0,tf,-3,3]);
title('时域信号波形图')
subplot(5,2,3),plot(t,f);ylabel('f(t)');
axis([0,tf,-3,3]);
subplot(5,2,5),plot(t,g0);ylabel('g0(t)');
axis([0,tf,-3,3]);
subplot(5,2,9),plot(t,g1);ylabel('g1(t)');
axis([0,tf,-2,2]); xlabel('t');
```

```
subplot(5,2,2),plot(w,G);ylabel('G(j\omega)');      %绘制信号频域波形
axis([-OMG,OMG,-3,3]);title('信号频谱图')
subplot(5,2,4),plot(w,F);ylabel('F(j\omega)');
axis([-OMG,OMG,-2,2]);
subplot(5,2,6),plot(w,G0);ylabel('G0(j\omega)');
axis([-OMG,OMG,-2,2]);
subplot(5,2,8),plot(w,H);ylabel('H(j\omega)');      %低通滤波器的频响特性
axis([-OMG,OMG,-0.2,1.2]);
subplot(5,2,10),plot(w,G1);ylabel('G1(j\omega)');
axis([-OMG,OMG,-2,2]);xlabel('\omega');
```

2. 用 modulate( )函数进行信号振幅、频率、相位的调制

MATLAB 提供了进行信号振幅、频率、相位调制的子函数 modulate( )，它的使用非常方便。

（1）信号的振幅调制

【**例 3-31**】已知一个频率为 1 Hz 的基带信号，用频率为 10 Hz 的载频信号进行振幅调制。处理信号时，采样点数 N 取 100。

解：MATLAB 程序如下，运行结果如图 3-31 所示。

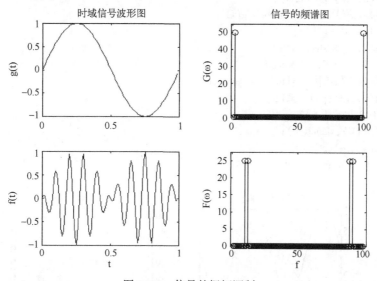

图 3-31　信号的振幅调制

```
%生成调幅信号
fm=1;Fc=10;N=100;Fs=N*fm;
k=0:N-1;t=k/Fs;
gt=sin(2*pi*fm*t);              %建立 g(t)
G=abs(fft(gt,N));               %求 g(t)的频谱
ft=modulate(gt,Fc,Fs,'am');     %求调幅信号 f(t)
F=abs(fft(ft,N));               %求 f(t)的频谱
subplot(2,2,1),plot(t,gt);
title('时域信号波形图');ylabel('g(t)');
```

```
subplot(2,2,2),stem(G);
title('信号的频谱图');ylabel('G(\omega)');
subplot(2,2,3),plot(t,ft);
ylabel('f(t)');xlabel('t');
subplot(2,2,4),stem(F);
ylabel('F(\omega)');xlabel('f');
```

(2) 信号的频率调制

【例 3-32】 已知一个频率为 1 Hz 的基带信号,用频率为 10 Hz 的载频信号进行频率调制。处理信号时,采样点数 N 取 100。

解:MATLAB 程序如下,运行结果如图 3-32 所示。

```
%生成调频信号
fm=1;Fc=10;N=100;Fs=N*fm;
k=0:2*N-1;t=k/Fs;
gt=sin(2*pi*fm*t);           %建立 g(t)
G=abs(fft(gt,N));            %求 g(t)的频谱
ft=modulate(gt,Fc,Fs,'fm');  %%求调频信号 f(t)
F=abs(fft(ft,N));            %%求 f(t)的频谱
subplot(2,2,1),plot(t,gt);
title('时域信号波形图');ylabel('g(t)');
axis([0,2/fm,-1,1]);
subplot(2,2,2),stem(G);
axis([-1,Fs+3,0,1.1*max(G)]);
title('信号的频谱图');ylabel('G(\omega)');
subplot(2,2,3),plot(t,ft);
axis([0,2/fm,-1,1]);
ylabel('f(t)');xlabel('t');
subplot(2,2,4),stem(F);
ylabel('F(\omega)');xlabel('f');
```

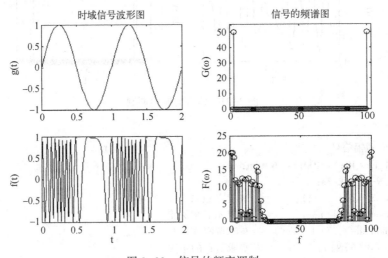

图 3-32 信号的频率调制

(3) 信号的相位调制

【例3-33】已知一个频率为1 Hz的基带信号,用频率为10 Hz的载频信号进行相位调制。处理信号时,采样点数N取100。

解:MATLAB程序如下,运行结果如图3-33所示。

```
%生成调相信号
fm=1;Fc=10;N=100;Fs=N*fm;
k=0:2*N-1;t=k/Fs;
gt=sin(2*pi*fm*t);              %建立g(t)
G=abs(fft(gt,N));               %求g(t)的频谱
ft=modulate(gt,Fc,Fs,'pm');     %求调相信号f(t)
F=abs(fft(ft,N));               %求f(t)的频谱
...
```

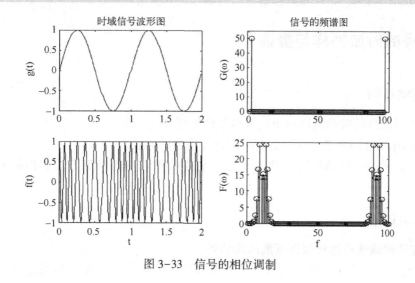

图3-33 信号的相位调制

3.5.4 实验准备

1) 认真阅读实验原理部分,明确本次实验的目的和基本方法。

2) 理解例题程序,明确本次实验任务(见3.5.5节),根据实验任务要求运行或编写程序。

3.5.5 实验任务

1) 运行实验原理部分所有例题程序,理解每一条语句的含义。

2) 已知一个基带信号的频率为3 Hz,用频率为基带信号频率10倍的载频信号进行调制。利用modulate( )子函数,分别计算信号的调幅、调频和调相后的时域波形和频谱图。处理信号时,采样点数N取100。

3) 已知一个基带信号为

$$g(t)=2\sin(5t)+3\cos(15t)$$

在发射端,被调制成频带信号

$$f(t)=g(t)\cos(100t)$$

在接收端，信号被解调为

$$g_0(t) = f(t)\cos(100t)$$

利用低通滤波器

$$H(j\omega) = \begin{cases} 1 & |\omega| < 120 \\ 0 & \text{其他} \end{cases}$$

恢复出基带信号 $g_1(t)$，并绘制上述信号的时域波形和频域波形。其中，时域信号显示宽度为 2 s，频谱图选取宽度范围为 $-400 \sim 400$ rad/s，采样点数 N 取 1000。

3.5.6 实验报告

1) 列写上机调试已通过的实验程序。
2) 思考题：调幅、调频和调相信号的时域波形和频谱有何特点？

3.6 信号的时域抽样与重建

3.6.1 实验目的

1) 加深对信号的时域抽样与重建基本原理的理解。
2) 了解用 MATLAB 进行信号的时域抽样与重建的方法。
3) 观察信号的时域抽样与重建的图形，掌握抽样频率的确定方法和内插公式的编程方法。

3.6.2 实验原理

1. 从连续时间信号抽样获得离散时间信号

离散时间信号大多由连续时间信号（模拟信号）抽样获得。图 3-34 给出了一个连续时间信号 $x(t)$ 及其频谱，以及抽样后获得的信号 $x_s(t)$ 及其频谱。在信号处理过程中，要使有限带宽信号 $x(t)$ 被抽样后能够不失真地还原出原模拟信号，抽样信号的周期 T_s 和抽样频率 F_s 的取值必须符合奈奎斯特定理。假定 $x(t)$ 的最高频率为 f_m，则应有 $F_s \geq 2f_m$，即 $\omega_s \geq 2\omega_m$。

从图 3-34b 中可以看出，由于 F_s 的取值大于或等于两倍的信号最高频率 f_m，因此，只要经过一个低通滤波器，抽样信号 $x_s(t)$ 就能不失真地还原出原模拟信号。反之，如果 F_s 的取值小于两倍的信号最高频率 f_m，如图 3-34c 所示，则频谱将发生混叠，抽样信号将无法不失真地还原出原模拟信号。

下面利用 MATLAB 程序来仿真演示信号从抽样到恢复的全过程。

2. 对连续时间信号进行抽样

在实际使用时，绝大多数信号都不是严格意义上的带限信号。为了研究问题方便，选择两个正弦频率相叠加的信号作为研究对象。

【例 3-34】已知一个连续时间信号 $f(t) = \sin(2\pi f_0 t) + \dfrac{1}{3}\sin(6\pi f_0 t)$，$f_0 = 1$ Hz，取最高有限带宽频率 $f_m = 5f_0$。分别显示原连续时间信号波形和 $F_s > 2f_m$、$F_s = 2f_m$、$F_s < 2f_m$ 这 3 种情况

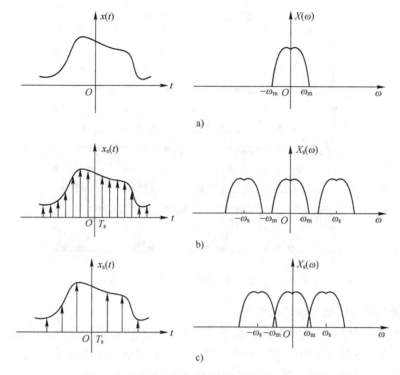

图 3-34 连续时间信号的抽样及其对应的频谱
a) 原连续时间信号及其频谱　b) $F_s \geq 2f_m$ 的抽样信号及其频谱　c) $F_s < 2f_m$ 的抽样信号及其频谱

下抽样信号的波形。

解：分别取 $F_s = f_m$、$F_s = 2f_m$ 和 $F_s = 3f_m$ 来研究问题，MATLAB 程序如下，运行结果如图 3-35 所示。

```
f0 = 1;T0 = 1/f0;                              %输入基波的频率、计算周期
fm = 5 * f0;Tm = 1/fm;                         %取最高频率为基波的5倍频率
t = -2:0.1:2;
x = sin(2 * pi * f0 * t) +1/3 * sin(6 * pi * f0 * t);   %建立原连续时间信号
subplot(4,1,1),plot(t,x);                      %显示原信号波形
axis([min(t) max(t) 1.1 * min(x) 1.1 * max(x)]);
title('原连续时间信号和抽样信号');
for i = 1:3;
        fs = i * fm;Ts = 1/fs;                 %确定抽样频率和周期
        n = -2:Ts:2;
        xs = sin(2 * pi * f0 * n) +1/3 * sin(6 * pi * f0 * n);  %生成抽样信号
        subplot(4,1,i+1),stem(n,xs,'filled');  %显示抽样信号波形
        axis([min(n) max(n) 1.1 * min(xs) 1.1 * max(xs)]);
end
```

在图 3-35 中，第一个分图为原连续时间信号；第二个分图为 $F_s = f_m$，即 $F_s < 2f_m$ 的抽样信号；第三个分图为 $F_s = 2f_m$ 的抽样信号；第四个分图为 $F_s = 3f_m$，即 $F_s > 2f_m$ 的抽样信号。

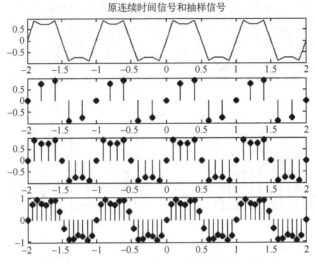

图 3-35 连续时间信号及其抽样信号波形

3. 连续时间信号和抽样信号的频谱

信号的频谱图可以直观地反映抽样信号能否恢复还原模拟信号波形。因此，对上述 3 种情况下的时域信号波形求振幅频谱，来进一步分析和证明奈奎斯特定理。

【例 3-35】 计算例 3-34 中原连续时间信号波形和 $F_s<2f_m$、$F_s=2f_m$、$F_s>2f_m$ 这 3 种情况下的抽样信号波形所对应的振幅频谱。

解：MATLAB 程序如下。

```
f0=1;T0=1/f0;                              %输入基波的频率、计算周期
t=-2:0.1:2;
N=length(t);                               %求时间轴上的采样点数
x=sin(2*pi*f0*t)+1/3*sin(6*pi*f0*t);       %建立原连续时间信号
fm=5*f0;Tm=1/fm;                           %最高频率取基波的5倍频率
wm=2*pi*fm;
k=0:N-1;w1=k*wm/N;                         %在频率轴上生成N个采样频率点
X=x*exp(-j*t'*w1)*dt;                      %对原信号进行傅里叶变换
subplot(4,1,1),plot(w1/(2*pi),abs(X));     %作原信号的频谱图
axis([0 max(4*fm) 1.1*min(abs(X)) 1.1*max(abs(X))]);
%生成 fs<2fm、fs=2fm 和 fs>2fm 三种抽样信号的振幅频谱
for i=1:3;
    if i<=2 c=0;else c=1;end
    fs=(i+c)*fm;Ts=1/fs;                   %确定抽样频率和周期
    n=-2:Ts:2;
    xs=sin(2*pi*f0*n)+1/3*sin(6*pi*f0*n);  %生成抽样信号
    N=length(n);                           %求时间轴上的采样点数
    ws=2*pi*fs;
    k=0:N-1;w=k*ws/N;                      %在频率轴上生成N个采样频率点
    Xs=xs*exp(-j*n'*w)*Ts;                 %对抽样信号进行傅里叶变换
    subplot(4,1,i+1),plot(w/(2*pi),abs(Xs));%作抽样信号的频谱图
    axis([0 max(4*fm) 1.1*min(abs(Xs)) 1.1*max(abs(Xs))]);
end
```

图 3-36 中依次给出了原连续时间信号和 $F_s<2f_m$、$F_s=2f_m$、$F_s>2f_m$ 这 3 种抽样信号的频谱，与图 3-35 中各时域信号一一对应。由图 3-36 可知，当满足 $F_s \geqslant 2f_m$ 时，抽样信号的频谱没有出现混叠现象；当不满足 $F_s \geqslant 2f_m$ 时，抽样信号的频谱发生了混叠，即图 3-36 中第二幅 $F_s<2f_m$ 的频谱图，在 $f_m \leqslant 5f_0$ 的条件下，频谱中出现了镜像对称的部分。

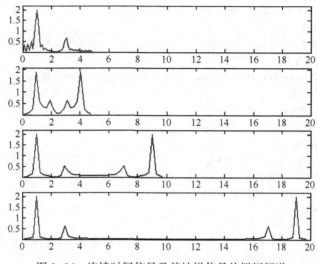

图 3-36　连续时间信号及其抽样信号的振幅频谱

4. 由频域相乘重建信号

对于满足奈奎斯特定理的信号 $x_s(t)$，只要经过一个理想的低通滤波器，其中

$$H(\omega) = \begin{cases} 1 & |\omega|<\omega_m \\ 0 & |\omega|>\omega_m \end{cases}$$

将原信号有限带宽以外的频率部分滤除，就可以重建 $x(t)$ 信号。这种方法是从频域的角度进行处理的，即

$$X(\omega) = X_s(\omega) H(\omega)$$

则滤波器的输出端会出现被恢复的连续时间信号 $x(t)$，如图 3-37 所示。

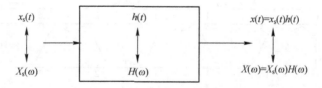

图 3-37　抽样信号经过理想低通滤波器重建 $x(t)$ 信号

【例 3-36】 利用理想低通滤波器对抽样频率分别为 $F_s<2f_m$、$F_s=2f_m$、$F_s>2f_m$ 的 3 个信号进行滤波，显示滤波后的信号。

解：MATLAB 程序如下，重建信号的结果如图 3-38 所示。

```
%用频域相乘重建信号
f0 = 1;T0 = 1/f0;                %输入基波的频率、周期
fm = 5 * f0;Tm = 1/fm;            %最高频率为基波的5倍频率
```

```
t = 0:0.01:4*T0;
x = sin(2*pi*f0*t)+1/3*sin(6*pi*f0*t);      %建立原连续时间信号
subplot(4,1,1),plot(t,x);
axis([min(t) max(t) 1.1*min(x) 1.1*max(x)]);
title('用频域相乘重建信号');
%对 fs<2fm、fs=2fm 和 fs>2fm 三种抽样信号进行滤波
for i=1:3;
    fs = i*fm;Ts = 1/fs;                     %确定抽样频率和周期
    n = -2:Ts:2;
    xs = sin(2*pi*f0*n)+1/3*sin(6*pi*f0*n);  %生成抽样信号
    N = length(n);                           %求时间轴上的采样点数
    ws = 2*pi*fs;
    k = 0:N-1;
    w = k*ws/N;
    Xs = xs*exp(-j*n'*w)*Ts;                 %对抽样信号进行傅里叶变换
    %设计理想低通滤波器
    H = [ones(1,floor(N/2)),zeros(1,N-floor(N/2))];
    X = Xs.*H;                               %对信号进行频域处理
    dw = ws/N;
    x1 = X*exp(j*w'*n)/pi*dw;                %用傅里叶逆变换求滤波后的时域信号 x1(t)
    subplot(4,1,i+1),plot(n,x1);grid
end
```

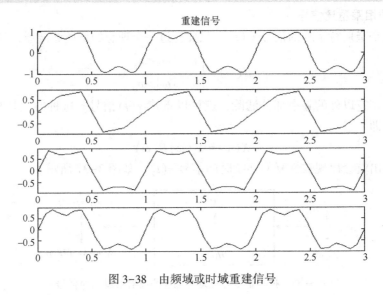

图 3-38 由频域或时域重建信号

5. 由时域卷积重建信号

除从频域对信号采用理想低通滤波器滤波的方法以外，信号重建还可以用时域抽样信号 $x_s(t)$ 与理想滤波器系统的单位冲激响应 $h(t)$ 进行卷积来实现。卷积公式经推导化简为内插公式

$$x(t) = \sum_{-\infty}^{\infty} x(nT_s) \text{Sa}[\omega_c(t - nT_s)]$$

由此可见，$x(t)$ 信号可以由其抽样值 $x(nT_s)$ 和内插函数重构。MATLAB 中提供了 sinc( )

函数，用户可以方便地使用内插公式。

【例3-37】 利用时域卷积推导出的内插公式重建例3-36中给定的信号。

解： MATLAB程序如下。

```
%用时域卷积重建信号
f0 = 1;T0 = 1/f0;                                    %输入基波的频率、周期
fm = 5 * f0;Tm = 1/fm;                               %最高频率为基波的5倍频率
t = 0:0.01:3 * T0;
x = sin(2 * pi * f0 * t) +1/3 * sin(6 * pi * f0 * t);  %建立原连续时间信号
subplot(4,1,1),plot(t,x);
axis([min(t) max(t) 1.1 * min(x) 1.1 * max(x)]);
title('用时域卷积重建信号');
for i = 1:3;
    fs = i * fm;Ts = 1/fs;                           %确定抽样频率和周期
    n = 0:(3 * T0)/Ts                                %生成n序列
    t1 = 0:Ts:3 * T0;                                %生成t序列
    xs = sin(2 * pi * n * f0/fs) +1/3 * sin(6 * pi * n * f0/fs);  %生成抽样信号
    T_N = ones(length(n),1) * t1-n' * Ts * ones(1,length(t1));    %t-nT 矩阵
    x1 = xs * sinc(2 * pi * fs * T_N);               %内插公式
    subplot(4,1,i+1),plot(t1,x1);
    axis([min(t1) max(t1) 1.1 * min(x1) 1.1 * max(x1)]);
end
```

原信号与重建信号的结果如图3-38所示。从图3-38中可以看出，当$F_s<2f_m$时，信号不能被还原，产生了失真；当$F_s=2f_m$和$F_s>2f_m$时，信号基本被还原。

3.6.3 实验准备

1）认真阅读实验原理，明确本次实验任务（见3.6.4节），理解相关函数和例题程序，了解实验方法。

2）根据实验任务要求运行或编写实验程序。

3）思考题：

① 什么是内插公式？

② 在MATLAB中，内插公式可以用什么函数来编写？

3.6.4 实验任务

1）运行实验原理中介绍的例题程序，观察输出的波形曲线，理解每一条语句的含义。

2）已知一个连续时间信号$f(t)=\text{sinc}(t)$，取最高有限带宽频率$f_m=1\text{ Hz}$。

① 分别显示原连续时间信号波形和$F_s=f_m$、$F_s=2f_m$、$F_s=3f_m$这3种情况下的抽样信号的波形。

② 计算原连续时间信号波形和抽样信号对应的振幅频谱。

③ 用理想低通滤波器重建信号。

④ 用时域卷积方法（内插公式）重建信号。

3.6.5 实验报告

1）列写调试通过的实验程序，打印或绘制实验程序产生的曲线图形。

2) 回答"实验准备"中提到的思考题。
3) 通过本实验,总结信号重建的方法,以及使用这些方法时的注意事项。

3.7 信号的拉普拉斯变换

3.7.1 实验目的

1) 加深对线性时不变系统分析工具——拉普拉斯变换的理解。
2) 掌握拉普拉斯变换和逆变换的基本方法、性质及其应用。
3) 初步掌握 MATLAB 有关拉普拉斯变换和逆变换的常用子函数。

3.7.2 实验涉及的 MATLAB 子函数

1. syms

功能:定义多个符号对象。
调用格式:

    syms a b w0;   %把字符 a、b 和 w0 定义为基本符号对象

2. laplace( )

功能:求解连续时间函数 $x(t)$ 的拉普拉斯变换结果 $X(s)$。
调用格式:

    X=laplace(x);   %求解连续时间函数 x(t) 的拉普拉斯变换结果 X(s),返回拉普拉斯变换的
                      %表达式

3. ilaplace( )

功能:求解复频域函数 $X(s)$ 的拉普拉斯逆变换结果 $x(t)$。
调用格式:

    x=ilaplace(X);   %求解复频域函数 X(s) 的拉普拉斯逆变换结果 x(t),返回拉普拉斯逆变换
                      %的表达式

3.7.3 实验原理

1. 拉普拉斯变换与逆变换

在线性时不变系统的分析中,拉普拉斯变换是一个不可缺少的工具。拉普拉斯变换和逆变换的基本公式为

$$F(s) = \int_0^\infty f(t) e^{-st} dt$$

$$f(t) = \frac{1}{2\pi j} \int_{\sigma-j\omega}^{\sigma+j\omega} F(s) e^{st} ds$$

式中,$s = \sigma + j\omega$。

拉普拉斯变换建立了系统时域和复频域的联系,如图 3-39 所示,即可先在变换域求解线性时不变系统的模型,再还原成时间函数。拉普拉斯变换把时域中两个函数的卷积运算转换成变换域中的乘除运算,大大降低了运算复杂度,使信号与系统的分析非常有效和方便。

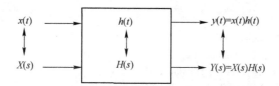

图 3-39 系统时域和复频域的联系

MATLAB 信号处理工具箱提供了进行拉普拉斯变换和逆变换的子函数。

2. 对常用的时间函数进行拉普拉斯变换

利用 MATLAB 提供的 laplace( ) 子函数,用户可以方便地进行时间函数的拉普拉斯变换。但这仍存在一定的局限性,对于某些较为复杂的时间函数,还不能完全表示出其拉普拉斯变换的表达式。

【例 3-38】对下列时间函数进行拉普拉斯变换:$f_1(t) = e^{-at}$,$f_2(t) = \cos(\omega t)$,$f_3(t) = e^{-at}\cos(\omega t)$,$f_4(t) = t^3 e^{-at}$,$f_5(t) = \cosh(at)$,$f_6(t) = t\cos(\omega t)$。

解:MATLAB 程序如下。

```
syms a t w
f1=exp(-a*t); F1=laplace(f1)
f2=cos(w*t); F2=laplace(f2)
f3=exp(-a*t)*cos(w*t); F3=laplace(f3)
f4=t^3*exp(-a*t); F4=laplace(f4)
f5=cosh(a*t); F5=laplace(f5)
f6=t*cos(w*t); F6=laplace(f6)
```

在 MATLAB 命令窗口中,可以看到如下运行结果。

```
F1 =   1/(s+a)
F2 =   s/(s^2+w^2)
F3 =   (s+a)/((s+a)^2+w^2)
F4 =   6/(s+a)^4
F5 =   s/(s^2-a^2)
F6 =   1/(s^2+w^2)*cos(2*atan(w/s))
```

由上述结果可知,公式 F6 不符合常见的写法。

3. 对常用的系统函数进行拉普拉斯逆变换

利用 MATLAB 提供的 ilaplace( ) 子函数,用户可以方便地对系统函数进行拉普拉斯逆变换。但这同样存在一定的局限性,对于某些较为复杂的系统函数,还不能完全表示出其拉普拉斯逆变换的表达式。用户可以用 MATLAB 提供的部分分式展开式进行其拉普拉斯逆变换,这种方法将在 3.9 节中介绍。

【例 3-39】对下列系统函数进行拉普拉斯逆变换:$F_1(s) = \dfrac{2}{s+2}$,$F_2(s) = \dfrac{3s}{(s+a)^2}$,$F_3(s) = \dfrac{s(s+1)}{(s+2)(s+4)}$,$F_4(s) = \dfrac{s^2-\omega^2}{(s^2+\omega^2)^2}$,$F_5(s) = \dfrac{s^3+5s^2+9s+7}{(s+1)(s+2)}$,$F_6(s) = \dfrac{s^2+1}{(s^2+2s+5)(s+3)}$。

解:MATLAB 程序如下。

```
syms s a w;
F1=2/(s+2); f1=ilaplace(F1)
F2=3*s/(s+a)^2; f2=ilaplace(F2)
F3=s*(s+1)/(s+2)/(s+4); f3=ilaplace(F3)
F4=(s^2-w^2)/(s^2+w^2)^2; f4=ilaplace(F4)
F5=(s^3+5*s^2+9*s+7)/(s+1)/(s+2); f5=ilaplace(F5)
F6=(s^2+1)/(s^2+2*s+5)/(s+3); f6=ilaplace(F6)
```

在 MATLAB 命令窗口中，可以看到如下运行结果。

```
f1 =    2*exp(-2*t)
f2 =    3*exp(-a*t)*(1-a*t)
f3 =    Dirac(t)+exp(-2*t)-6*exp(-4*t)
f4 =    t*cos(w*t)
f5 =    Dirac(1,t)+2*Dirac(t)+2*exp(-t)-exp(-2*t)
f6 =    5/4*exp(-3*t)-1/4*exp(-t)*cos(2*t)-3/4*exp(-t)*sin(2*t)
```

其中，Dirac(t)表示 $\delta(t)$，Dirac(1,t)表示 $\delta'(t)$。

4. 从变换域中求取连续时间系统的响应

系统的响应既可以用时域分析的方法求取，又可以用变换域分析的方法求取。已知连续时间系统的系统函数 $H(s)$，又求出系统输入信号的拉普拉斯变换 $X(s)$，则系统响应的拉普拉斯变换可以由公式 $Y(s)=H(s)X(s)$ 求出。对 $Y(s)$ 进行拉普拉斯逆变换，就可以求取系统的时域响应。

【例 3-40】 已知一个连续时间系统的系统函数为 $H(s)=1/(s+1)$，输入信号为正弦波 $x(t)=\sin(2t)$，求取该系统在变换域的响应 $Y(s)$，以及时域的响应 $y(t)$。

解： MATLAB 程序如下。

```
syms s t
x=sin(2*t);
X=laplace(x);
H=1/(s+1);
Y=X.*H
y=ilaplace(Y)
```

在 MATLAB 命令窗口中，可以得到程序的如下运行结果。

```
Y = 2/(s^2+4)/(s+1)
y = 2/5*exp(-t)-2/5*cos(4^(1/2)*t)+1/10*4^(1/2)*sin(4^(1/2)*t)
```

如果要观察时域输出信号 $y(t)$，则可以编写下面的程序，运行结果如图 3-40 所示。

```
t=0:0.01:20;
y=2/5*exp(-t)-2/5*cos(4^(1/2)*t)+1/10*4^(1/2)*sin(4^(1/2)*t);
plot(t,y);
```

其中，y 可以从 MATLAB 命令窗口复制过来。

【例 3-41】 已知一个连续时间系统的系统函数为 $H(s)=1/(s^2+0.5s+1)$，系统输入为单位冲激信号 $x(t)=\delta(t)$，求取系统在变换域的响应 $Y(s)$，以及时域的响应 $y(t)$。

解： 已知单位冲激信号的拉普拉斯变换 $X(s)=1$，因此，MATLAB 程序如下。

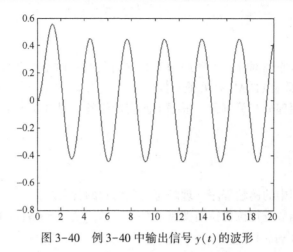

图 3-40　例 3-40 中输出信号 $y(t)$ 的波形

```
syms s
X=1;
H=1/(s^2+0.5*s+1);
Y=X.*H
y=ilaplace(Y)
```

在 MATLAB 命令窗口中，可以得到如下运行结果。

```
Y =1/(s^2+1/2*s+1)
y =-1/15*(-15)^(1/2)*4^(1/2)*(exp((-1/4+1/8*(-15)^(1/2)*4^(1/2))*t)-exp((-1/4-1/8*(-15)^(1/2)*4^(1/2))*t))
```

再执行下列程序段，将显示如图 3-41 所示的 $y(t)$ 的波形。

```
t=0:0.01:20;
y=-1/15*(-15)^(1/2)*4^(1/2)*(exp((-1/4+1/8*(-15)…;
plot(t,y);
```

其中，y 可以从 MATLAB 命令窗口复制过来。

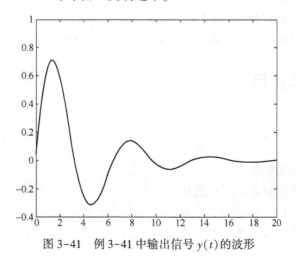

图 3-41　例 3-41 中输出信号 $y(t)$ 的波形

3.7.4 实验准备

1) 认真阅读实验原理部分，了解用 MATLAB 进行线性时不变系统拉普拉斯变换和逆变换的方法、步骤，熟悉 MATLAB 有关子函数。

2) 读懂实验原理部分有关例题，根据本次实验任务（见 3.7.5 节）要求运行或编写实验程序。

3.7.5 实验任务

1) 运行实验原理中的例题程序，理解每一条语句的含义。

2) 对下列时间函数进行拉普拉斯变换：$f_1(t)=t^4$，$f_2(t)=\sin(\omega t)$，$f_3(t)=\mathrm{e}^{-t}\sin(2t)$，$f_4(t)=\sinh(at)$，$f_5(t)=t\mathrm{e}^{-(t-2)}$。

3) 对下列系统函数进行拉普拉斯逆变换：$F_1(s)=\dfrac{1}{s+5}$，$F_2(s)=\dfrac{4s+5}{s^2+5s+6}$，$F_3(s)=\dfrac{s+3}{(s+1)^3(s+2)}$，$F_4(s)=\dfrac{\omega}{s^2+\omega^2}$，$F_5(s)=\dfrac{s}{(s+\alpha)[(s+\alpha)^2+\beta^2]}$。

4) 已知一个连续时间系统的系统函数为 $H(s)=1/(2s+5)$，输入信号为 $x(t)=3\mathrm{e}^{-2t}$，求取该系统在变换域的响应 $Y(s)$，以及时域的响应 $y(t)$。

5) 已知一个连续时间系统的系统函数为 $H(s)=(s+1)/(s^2+0.4s+3)$，当系统输入分别为单位冲激信号和单位阶跃信号时，求取该系统在变换域的响应 $Y(s)$，以及时域的响应 $y(t)$。

注意：当程序中出现类似 exp(t)*cos(t) 的公式时，*符号应改为 .*符号。

3.7.6 实验报告

1) 列写上机调试通过的程序及其执行结果，并绘制其波形曲线。

2) 回答下列思考题：

① 拉普拉斯变换是针对什么系统进行简化运算的工具？

② 如何用 MATLAB 提供的子函数进行系统时域和复频域函数的处理？

3.8 Z 变换及其应用

3.8.1 实验目的

1) 加深对离散系统变换域分析方法——Z 变换的理解。

2) 掌握进行 Z 变换和 Z 反变换的基本方法，了解部分分式法在 Z 反变换中的应用。

3) 学习使用 MATLAB 中进行 Z 变换和 Z 反变换的常用子函数。

4) 了解传递函数（TF）模型与极点留数（RPK）模型之间相互转换的方法。

3.8.2 实验涉及的 MATLAB 子函数

1. ztrans( )

功能：求无限长序列函数 $x(n)$ 的 Z 变换结果 $X(z)$。

调用格式：

```
X = ztrans(x);        %求无限长序列函数 x(n) 的 Z 变换结果 X(z)，返回 Z 变换的表达式
```

2. iztrans( )

功能：求函数 $X(z)$ 的 Z 反变换结果 $x(n)$。

调用格式：

```
x = iztrans(X);       %求函数 X(z) 的 Z 反变换结果 x(n)，返回 Z 反变换的表达式
```

3. residuez( )

功能：数字系统中传递函数模型与极点留数模型间的转换。

调用格式：

```
[r p k] = residuez(b,a);   %把 b(z)/a(z) 展开成如式 (3-3) 所示的部分分式形式
[b, a] = residuez(r p k);  %根据部分分式的 r、p、k 数组，返回有理多项式，其中，b、a 为
                           %按降幂排列的多项式，如式 (3-1) 所示的分子和分母的系数数
                           %组；r 为余数数组；p 为极点数组；k 为无穷项多项式系数数组
```

4. impz( )

功能：求解数字系统的冲激响应。

调用格式：

```
[h,t] = impz(b,a);       %求解数字系统的冲激响应 h，取样点数为默认值
[h,t] = impz(b,a,n);     %求解数字系统的冲激响应 h，取样点数由 n 确定
impz(b,a);               %在当前窗口中用 stem(t,h) 函数绘制数字系统的冲激响应曲线图
```

3.8.3 实验原理

1. 用 ztrans( ) 对无限长序列函数进行 Z 变换

MATLAB 提供了进行无限长序列函数的 Z 变换的子函数 ztrans( )。在使用时，该函数只给出 Z 变换的表达式，而没有给出其收敛域。另外，由于这一功能还不尽完善，有的序列的 Z 变换还不能用此函数求出，Z 反变换也存在同样的问题。

【例 3-42】对下列序列函数进行 Z 变换。

$$x_1(n) = a^n \quad x_2(n) = n \quad x_3(n) = \frac{n(n-1)}{2}$$

$$x_4(n) = e^{j\omega_0 n} \quad x_5(n) = \frac{1}{n(n-1)}$$

解：MATLAB 程序如下。

```
syms w0 n z a
x1 = a^n; X1 = ztrans(x1)
x2 = n; X2 = ztrans(x2)
```

```
x3=(n*(n-1))/2;X3=ztrans(x3)
x4=exp(j*w0*n);X4=ztrans(x4)
x5=1/(n*(n-1));X5=ztrans(x5)
```

程序运行结果如下。

```
X1 =z/a/(z/a-1)
X2 =z/(z-1)^2
X3 =-1/2*z/(z-1)^2+1/2*z*(z+1)/(z-1)^3
X4 = z/exp(i*w0)/(z/exp(i*w0)-1)
??? Error using ==> sym/maple     %表示 x5 不能求出 Z 变换结果
Error, (in convert/hypergeom) Summand is singular at n = 0 in the interval
of summation
Error in ==> C:\MATLAB6p1\toolbox\symbolic\@sym\ztrans.m
On line 81   ==> F = maple('map','ztrans',f,n,z);
```

2. 用 iztrans( ) 对无限长序列函数进行 Z 反变换

MATLAB 还提供了进行无限长序列函数的 Z 反变换的子函数 iztrans( )。

【例 3-43】 对下列序列函数进行 Z 反变换。

$$X_1(z)=\frac{z}{z-1} \quad X_2(z)=\frac{az}{(a-z)^2} \quad X_3(z)=\frac{z}{(z-1)^3} \quad X_4(z)=\frac{1-z^{-n}}{1-z^{-1}}$$

解：MATLAB 程序如下。

```
syms n z a
X1=z/(z-1);x1=iztrans(X1)
X2=a*z/(a-z)^2;x2=iztrans(X2)
X3=z/(z-1)^3;x3=iztrans(X3)
X4=(1-z^-n)/(1-z^-1);x4=iztrans(X4)
```

程序运行结果如下。

```
x1 = 1
x2 = n*a^n
x3 = -1/2*n+1/2*n^2
x4 = iztrans((1-z^(-n))/(1-1/z),z,n)
```

3. 用部分分式法进行 Z 反变换

部分分式法是一种常用的进行 Z 反变换的方法。当 Z 变换表达式是一个多项式时，可以表示为系统传递函数（TF 模型）：

$$X(z)=\frac{b_0+b_1z^{-1}+b_2z^{-2}+\cdots+b_Mz^{-M}}{1+a_1z^{-1}+a_2z^{-2}+\cdots+a_Nz^{-N}} \tag{3-1}$$

将式（3-1）中分子部分多项式分解为真有理式与直接多项式两部分，即得到

$$X(z)=\frac{\bar{b}_0+\bar{b}_1z^{-1}+\bar{b}_2z^{-2}+\cdots+\bar{b}_{N-1}z^{-(N-1)}}{1+a_1z^{-1}+a_2z^{-2}+\cdots+a_Nz^{-N}}+\sum_{i=0}^{M-N}k_iz^{-i} \tag{3-2}$$

当 $M<N$ 时，式（3-2）的第二部分即为 0。

对于 $X(z)$ 的真有理式部分，存在以下两种情况。

1) $X(z)$ 仅含有单实极点。对式（3-2）进行处理，化为部分分式展开式，则得到极点留数模型：

$$X(z) = \sum_{i=1}^{N} \frac{r_i}{1-p_i z^{-1}} + \sum_{i=0}^{M-N} k_i z^{-i}$$

$$= \frac{r_1}{1-p_1 z^{-1}} + \frac{r_2}{1-p_2 z^{-1}} + \cdots + \frac{r_N}{1-p_N z^{-1}} + \sum_{i=0}^{M-N} k_i z^{-i}$$

$X(z)$ 的 Z 反变换为

$$x(n) = \sum_{i=1}^{N} r_i (p_i)^n u(n) + \sum_{i=0}^{M-N} k_i \delta(n-i)$$

【例 3-44】 已知 $X(z) = \dfrac{z^2}{z^2-1.5z+0.5}$，$|z|>1$，试用部分分式法进行 Z 反变换，并列出 $N=20$ 点的数值。

解：由上述表达式和收敛域条件可知，所求序列 $x(n)$ 为一个右边序列，且为因果序列。将题中表达式按式 (3-1) 的形式整理，得

$$X(z) = \frac{1}{1-1.5z^{-1}+0.5z^{-2}}$$

进行 Z 反变换的程序如下。

```
b=[1,0,0];
a=[1,-1.5,0.5];
[r p k]=residuez(b,a)
```

在 MATLAB 命令窗口中，将显示

```
r = 2
   -1
p =1.0000
   0.5000
k =0
```

由此可知，这是多项式满足 $M<N$ 的情况，多项式分解后表示为

$$X(z) = \frac{2}{1-z^{-1}} - \frac{1}{1-0.5z^{-1}}$$

可写出 Z 反变换公式

$$x(n) = 2u(n) - 0.5^n u(n)$$

如果用图形表现 $x(n)$ 的结果，则可以添加以下程序，运行结果如图 3-42 所示。

```
N=20;n=0:N-1;
x=r(1)*p(1).^n+r(2)*p(2).^n;
stem(n,x);
title('用部分分式法求 Z 反变换结果 x(n)');
```

其中，x 的数值为

```
x =[1.0000  1.5000  1.7500  1.8750  1.9375  1.9688  1.9844  1.9922  1.9961  1.9980
    1.9990  1.9995  1.9998  1.9999  1.9999  2.0000  2.000   2.0000  2.0000  2.0000]
```

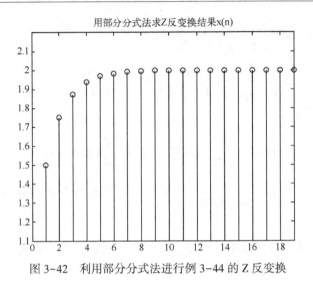

图 3-42 利用部分分式法进行例 3-44 的 Z 反变换

【例 3-45】用部分分式法对下列系统函数进行 Z 反变换,并用图形方式与 impz( )函数求得的结果进行比较。

$$H(z) = \frac{0.1321 - 0.3963z^{-2} + 0.3963z^{-4} - 0.1321z^{-6}}{1 + 0.34319z^{-2} + 0.60439z^{-4} + 0.20407z^{-6}}$$

解:由上式可知,该函数表示一个 6 阶系统。其程序如下。

```
a=[1, 0, 0.34319, 0, 0.60439, 0, 0.20407];
b=[0.1321, 0, -0.3963, 0, 0.3963, 0, -0.1321];
[r p k]=residuez(b,a)
```

此时,在 MATLAB 命令窗口中,将显示

```
r = -0.1320 - 0.0001i
    -0.1320 + 0.0001i
    -0.1320 + 0.0001i
    -0.1320 - 0.0001i
     0.6537 + 0.0000i
     0.6537 - 0.0000i
p = -0.6221 + 0.6240i
    -0.6221 - 0.6240i
     0.6221 + 0.6240i
     0.6221 - 0.6240i
     0 + 0.5818i
     0 - 0.5818i
k = -0.6473
```

由于该系统函数 $H(z)$ 的分子项阶数与分母项相同,符合 $M \geq N$,因此,具有冲激项 $k_0 \delta(n)$。可以由 r、p、k 的值写出 Z 反变换的结果。

注意:impz( )是一个求解离散系统冲激响应的子函数。如果把 $H(z)$ 看成一个系统的系统函数,则 $H(z)$ 的 Z 反变换就等于这个系统的冲激响应。因此,可以用 impz( )的结果来检验用部分分式法求得的 Z 反变换结果是否正确。

如果要求解 Z 反变换的数值结果,并用图形表示,同时与 impz( )求解的冲激响应结果

进行比较，则可以在上述程序中添加

```
N=40;n=0:N-1;
h=r(1)*p(1).^n+r(2)*p(2).^n+r(3)*p(3).^n+r(4)*p(4).^n+r(5)*p(5).^n+r(6)*p(6).^n+k(1).*[n==0];
subplot(1,2,1),stem(n,real(h));
title('用部分分式法求Z反变换结果h(n)');
h2=impz(b,a,N);
subplot(1,2,2),stem(n,h2);
title('用impz求Z反变换结果h(n)');
```

从图3-43显示的结果可以看出，系统函数的Z反变换的图形与impz( )求解冲激响应相同。可见，用部分分式法进行系统函数的Z反变换是一种求解系统的冲激响应的有效方法。

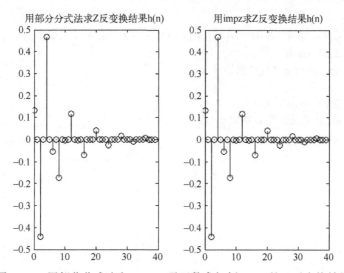

图3-43　用部分分式法和impz( )子函数求解例3-45的Z反变换结果

2) $X(z)$含有一个重极点r。这种情况处理起来比较复杂，本实验不做要求，仅列举例3-46，供读者参考。

【例3-46】 用部分分式法对函数$H(z)$进行Z反变换，写出$h(n)$的表达式，并用图形方式与impz( )函数求得的结果进行比较。

$$H(z)=\frac{z^{-1}}{1-12z^{-1}+36z^{-2}}$$

解：进行Z反变换的程序如下。

```
b=[0,1,0];a=[1,-12,36];
[r p k]=residuez(b,a)
```

在MATLAB命令窗口中，将显示

```
r = -0.1667 - 0.0000i
     0.1667 + 0.0000i
p =  6.0000 + 0.0000i
     6.0000 - 0.0000i
k = 0
```

由此可知,这个多项式含有重极点。多项式分解后表示为

$$H(z) = \frac{-0.1667}{1-6z^{-1}} + \frac{0.1667}{(1-6z^{-1})^2}$$

$$= \frac{-0.1667}{1-6z^{-1}} + \frac{0.1667}{6} z \frac{6z^{-1}}{(1-6z^{-1})^2}$$

根据时域位移性质,可写出 Z 反变换公式

$$h(n) = -0.1667(6)^n u(n) + \frac{0.1667}{6}(n+1)6^{n+1} u(n+1)$$

如果要用图形表现 $h(n)$ 的结果,并与 impz( ) 子函数求出的结果相比较,则可以在前面已有的程序后面添加以下程序段。执行结果如图 3-44 所示。

```
N=8;n=0:N-1;
h=r(1)*p(1).^n.*[n>=0]+r(2).*(n+1).*p(2).^n.*[n-1>=0];
subplot(1,2,1),stem(n,h);
title('用部分分式法求 Z 反变换结果 h(n)');
h2=impz(b,a,N);
subplot(1,2,2),stem(n,h2);
title('用 impz 求 Z 反变换结果 h(n)');
```

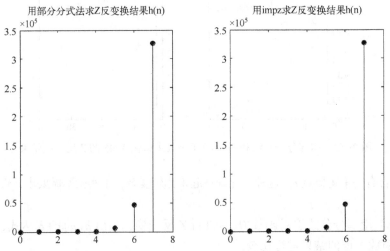

图 3-44 用部分分式法和 impz( ) 子函数求解例 3-46 的 Z 反变换结果

4. 从变换域中求取系统的响应

由图 3-45 可知,与连续时间系统一样,离散时间系统的响应既可以用时域分析的方法求取,又可以用变换域分析法求取。当已知系统函数 $H(z)$ 和系统输入序列的 Z 变换 $X(z)$ 时,系统响应序列的 Z 变换结果可以由 $Y(z) = H(z)X(z)$ 求出。

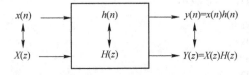

图 3-45 离散系统响应与激励的关系

【例 3-47】已知一个离散系统的函数 $H(z)=\dfrac{z^2}{z^2-1.5z+0.5}$,输入序列的 Z 变换 $X(z)=\dfrac{z}{z-1}$,求取系统在变换域的响应 $Y(z)$,以及在时域的响应序列 $y(n)$。

解：MATLAB 程序如下。

```
syms z
X=z./(z-1);
H=z.^2./(z.^2-1.5*z+0.5);
Y=X.*H
y=iztrans(Y)
```

程序运行后，将显示

```
Y=z^3/(z-1)/(z^2-3/2*z+1/2)
y=2*n+2^(-n)
```

如果要观察时域响应序列 $y(n)$，则可以编写下面的程序，运行结果如图 3-46 所示。

```
n=0:20;
y=2*n+2.^(-n);
stem(n,y);
…
```

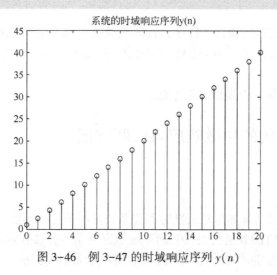

图 3-46　例 3-47 的时域响应序列 $y(n)$

3.8.4　实验准备

1) 认真阅读实验原理部分，学习使用 MATLAB 中进行 Z 变换和 Z 反变换的常用子函数。初步掌握 MATLAB 中进行离散系统 Z 变换和 Z 反变换的基本方法，以及使用部分分式法进行 Z 反变换的方法、步骤和注意事项。

2) 理解实验原理部分有关例题，根据实验任务（见 3.8.5 节）要求运行或编写实验程序。

3) 思考题：使用部分分式法进行 Z 反变换时一般会遇到哪几种情况？如何处理？

3.8.5 实验任务

1) 运行例题程序,理解每一条语句的含义。
2) 对下列序列函数进行 Z 变换。
$$x_1(n)=na^n \quad x_2(n)=\sin(\omega_0 n) \quad x_3(n)=2^n \quad x_4=\mathrm{e}^{-an}\sin(n\omega_0)$$
3) 对下列函数进行 Z 反变换。
$$X_1(z)=\frac{z}{z-a} \quad X_2(z)=\frac{z}{(z-a)^2} \quad X_3(z)=\frac{z}{z-\mathrm{e}^{j\omega_0}} \quad X_4(z)=\frac{1-z^{-3}}{1-z^{-1}}$$
4) 用部分分式法对下列系统函数进行 Z 反变换,写出 $x(n)$ 的表达式,并用图形方式与 impz( ) 求得的结果进行比较,最后,取前 10 个点作图。

① $X(z)=\dfrac{10+20z^{-1}}{1+8z^{-1}+19z^{-2}+12z^{-3}}$

② $X(z)=\dfrac{5z^{-2}}{1+z^{-1}-0.6z^{-2}}$

③ $X(z)=\dfrac{1}{(1-0.9z^{-1})^2(1+0.9z^{-1})}$

3.8.6 实验报告

1) 列写已调试通过的实验任务程序,打印或描绘实验程序产生的曲线图形。
2) 回答下列思考题:对于 MATLAB 中提供的 ztrans( ) 和 iztrans( ) 变换方法,使用时需要注意什么问题?
3) 回答"实验准备"中提出的思考题。

3.9 连续时间系统的冲激响应与阶跃响应

3.9.1 实验目的

1) 通过本实验,进一步加深对线性时不变系统基本理论的理解。
2) 初步了解用 MATLAB 进行连续时间系统研究的基本方法和常用子函数。
3) 初步掌握求解连续时间系统的冲激响应和阶跃响应的方法。

3.9.2 实验涉及的 MATLAB 子函数

1. impulse( )

功能:求解连续时间系统的冲激响应。
调用格式:

impulse(b,a);	%计算并显示连续时间系统的冲激响应 h(t) 的波形,其中 t 将自动选取
impulse(b,a,t);	%可由用户指定 t 值。若 t 为一个实数,则将显示连续时间系统在 0~ %t 秒间的冲激响应波形;若 t 为数组,如[t1:dt:t2],则显示连续时间 %系统在指定时间 t1~t2 内的冲激响应波形,时间间隔为 dt
y=impulse(b,a,t);	%将结果存入输出变量 y,不直接显示系统冲激响应波形

说明：impulse( )用于计算由矢量 a 和 b 构成的连续时间系统的冲激响应。

$$H(s)=\frac{B(s)}{A(s)}=\frac{b_0 s^m + b_1 s^{m-1} + \cdots + b_{m-1} s + b_m}{s^n + a_1 s^{n-1} + \cdots + a_{n-1} s + a_n}$$

其系统函数的系数 $b=[b_0,b_1,b_2,\cdots,b_m]$，$a=[a_0,a_1,a_2,\cdots,a_n]$。

2. step( )

功能：求解连续时间系统的阶跃响应。

调用格式：

```
step(b,a);          %计算并显示连续时间系统的阶跃响应 g(t)的波形，其中 t 将自动选取
step(b,a,t);        %可由用户指定 t 值。若 t 为一个实数，则将显示连续时间系统在 0~t 秒间
                    %的阶跃响应波形；若 t 为数组，如[t1:dt:t2]，则显示连续时间系统在
                    %指定时间 t1~t2 内的阶跃响应波形，时间间隔为 dt
y=step(b,a,t);      %将结果存入输出变量 y，不直接显示系统阶跃响应波形
```

说明：step( )函数用于计算由矢量 a 和 b 构成的连续时间系统 $H(s)$ 的阶跃响应。其系统函数的系数 $b=[b_0,b_1,b_2,\cdots,b_m]$，$a=[a_0,a_1,a_2,\cdots,a_n]$。

3. residue( )

功能：部分分式展开。

调用格式：

```
[r p k] = residue(b,a);   %其中 b、a 为按降幂排列的多项式的分子和分母的系数数组；r 为
                          %留数数组；p 为极点数组；k 为直接项
```

3.9.3 实验原理

1. 线性时不变系统

由连续时间系统的时域和频域分析方法可知，线性时不变系统的微分方程，即输入-输出方程为

$$\frac{d^n r}{dt^n}+a_1\frac{d^{n-1}r}{dt^{n-1}}+\cdots+a_{n-1}\frac{dr}{dt}+a_n r = b_0\frac{d^m e}{dt^m}+b_1\frac{d^{m-1}e}{dt^{m-1}}+\cdots+b_{m-1}\frac{de}{dt}+b_m e$$

系统函数为

$$H(s)=\frac{R(s)}{E(s)}=\frac{B(s)}{A(s)}=\frac{b_0 s^m + b_1 s^{m-1} + \cdots + b_{m-1} s + b_m}{s^n + a_1 s^{n-1} + \cdots + a_{n-1} s + a_n} \tag{3-3}$$

对于复杂信号激励下的线性系统，可以将激励信号在时域中分解为单位脉冲信号或单位阶跃信号，把这些单位激励信号分别加在系统中求其响应，然后把这些响应叠加，即可得到复杂信号加在系统中的零状态响应。因此，求解系统的冲激响应和阶跃响应尤为重要。

连续时间系统的冲激响应 $h(t)$ 与系统函数 $H(s)$ 有密切联系。已知系统的冲激响应 $h(t)$，对它进行拉普拉斯变换，即可求得系统函数 $H(s)$；反之，已知系统函数 $H(s)$，对它进行拉普拉斯逆变换，即可求得系统的冲激响应 $h(t)$。

$$\mathscr{L}[h(t)]=H(s)$$
$$h(t)=\mathscr{L}^{-1}[H(s)]$$

2. 用 impulse( )和 step( )子函数求解系统的冲激响应和阶跃响应

想要求解系统的冲激响应和阶跃响应，比较简单的方法是使用 MATLAB 提供的 impulse( )

和 step( )子函数。

下面举例说明使用 impulse( )和 step( )子函数求解系统冲激响应和阶跃响应的方法。

【例 3-48】 一个 RLC 串联振荡电路如图 3-47 所示，$L=22\,\text{mH}$，$C=2000\,\text{pF}$，$R=100\,\Omega$，$u_S(t)$ 为输入端，$u_C(t)$ 为输出端，求解其时域的冲激响应和阶跃响应（其中，t 的范围为 0~800 μs）。

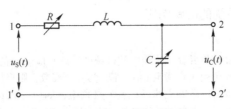

图 3-47 RLC 串联振荡电路

解：由图 3-47 给定的电路可知，其系统函数为

$$H(s)=\frac{1}{s^2LC+sRC+1}$$

用 impulse( )和 step( )子函数编写程序，运行结果如图 3-48 所示。

```
L=22e-3;C=2e-9;R=100;              %输入电路元件参数
a=[L*C,R*C,1];b=[1];               %由 H(s)输入 a、b 多项式系数
t=0:1e-6:8e-4;                     %t 的选择范围为 0~800 μs
ht=impulse(b,a,t);                 %求解时域冲激响应
gt=step(b,a,t);                    %求解时域阶跃响应
subplot(1,2,1),plot(t,ht);         %显示冲激响应曲线
ylabel('h(t)');xlabel('t');
subplot(1,2,2),plot(t,gt);         %显示阶跃响应曲线
ylabel('g(t)');xlabel('t');
```

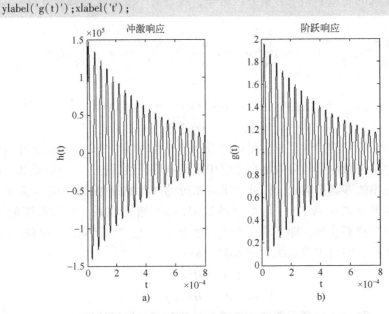

图 3-48 RLC 串联振荡电路的冲激响应和阶跃响应

乍一看图 3-48，似乎图 3-47 所示电路的冲激响应和阶跃响应没有什么区别，但是如果仔细观察，就会发现两图的纵坐标数值相差悬殊，冲激响应的振幅要比阶跃响应大得多。

3. 用留数法求解系统的冲激响应和阶跃响应

由式（3-3）可知，$B(s)$ 和 $A(s)$ 都是 s 的多项式。假定分母 $A(s)$ 多项式的次数 n 高于分子 $B(s)$ 多项式的次数 m，则在时域的解 $h(t)$ 是 $H(s)$ 的拉普拉斯逆变换。具体求解步骤如下。

1) 用 $[r,p,k]$ = residue(b,a) 求出 $H(s)$ 的极点数组 p 和留数数组 r（当 $n>m$ 时，k 为空阵）。

进行 Z 反变换的一个重要方法是部分分式法，将式（3-3）所示的多项式分解为多个 s 的一次分式之和，即

$$H(s) = \frac{r_1}{s-p_1} + \frac{r_2}{s-p_2} + \frac{r_3}{s-p_3} + \frac{r_4}{s-p_4} + \cdots$$

注意：当 $n \leq m$ 时，k 不为空阵。这种情况比较复杂，本实验不作讨论。

2) 此时，$H(s)$ 的 Z 反变换结果为 $h(t)$，即

$$h(t) = r_1 e^{p_1 t} + r_2 e^{p_2 t} + r_3 e^{p_3 t} + r_4 e^{p_4 t} + \cdots$$

相应的 MATLAB 程序写为

```
ht=r(1)*exp(p(1)*t)+r(2)*exp(p(2)*t)+r(3)*exp(p(3)*t)
   +r(4)*exp(p(4)*t)+…
```

【例 3-49】 用留数法求解例 3-48 所示系统的冲激响应和阶跃响应。

解：1) 求解系统冲激响应。在求解系统冲激响应时，已知输入激励函数 $U_s(s)$，求解输出响应

$$U_C(s) = H(s) U_s(s)$$

由于脉冲输入 $U_s(s) = 1$，因此 $U_C(s) = H(s)$。其 MATLAB 程序如下。

```
L=22e-3;C=2e-9;R=100;
a=[L*C,R*C,1];b=[1];                    %输入 a、b 多项式系数
[r p k]=residue(b,a)                    %求输出响应的极点数组 p 和留数数组 r
t=0:1e-6:8e-4;                          %t 的选择范围为 0~800μs
ht=r(1)*exp(p(1)*t)+r(2)*exp(p(2)*t);   %求解系统的时域冲激响应 h(t)
plot(t,ht);                             %显示冲激响应的输出曲线
```

在 MATLAB 命令窗口中，将显示

```
r=1.0e+004 *
   0 - 7.5412i
   0 + 7.5412i
p=1.0e+005 *
   -0.0455 + 1.5069i
   -0.0455 - 1.5069i
k=[]
```

图形窗口中显示的时域冲激响应的输出曲线与图 3-48a 相同。

2) 求解系统阶跃响应。在求解系统阶跃响应时，阶跃输入 $U_s(s) = 1/s$，$U_C(s) = H(s)/s$，分母上多乘了一个 s，a 将提高一阶，a 数组右端多加一个 0。此时，对于该例题的解法，我们可以将它看成先进行变换域的相乘（$U_C(s) = U_s(s) H(s)$），再求解时域响应。

相应的 MATLAB 程序如下。

```
L=22e-3;C=2e-9;R=200;
a=[L*C,R*C,1,0];b=[1];
[r p k]=residue(b,a)
t=0:1e-6:8e-4;
yu=r(1)*exp(p(1)*t)+r(2)*exp(p(2)*t)+r(3);
plot(t,yu);    %显示阶跃响应的输出曲线
```

在 MATLAB 命令窗口中，将显示

```
r=-0.5000 + 0.0151i
  -0.5000 - 0.0151i
   1.0000
p=1.0e+005 *
  -0.0455 + 1.5069i
  -0.0455 - 1.5069i
   0
k=[ ]
```

MATLAB 图形窗口中显示的阶跃响应曲线与图 3-48b 相同。

3.9.4 实验准备

1) 认真阅读实验原理部分，了解用 MATLAB 进行连续时间系统冲激响应和阶跃响应求解的方法、步骤，熟悉 MATLAB 有关的常用子函数。

2) 理解实验原理部分有关的例题，根据实验任务（见 3.9.5 节）要求运行或编写实验程序。

3.9.5 实验任务

1) 运行例题程序，理解每一条语句的含义。

2) 已知 RC 串联电路如图 3-49 所示，$R=20\,\text{k}\Omega$，$C=2000\,\text{pF}$。
① 用 impulse( )、step( ) 子函数求解 C 或 R 分别作为输出端时的冲激响应与阶跃响应。
② 用留数法求解 C 作为输出端时的冲激响应与阶跃响应。

3) 求解如图 3-50 所示 RLC 二阶电路的系统函数 $H(s)$、冲激响应 $h(t)$ 和阶跃响应。其中，$R=2\,\Omega$，$L=1\,\text{H}$，$C=1\,\text{F}$，激励信号为 $u_S(t)$，响应信号为 $u_C(t)$。

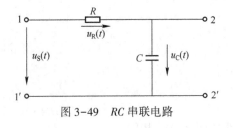
图 3-49 RC 串联电路

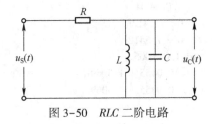
图 3-50 RLC 二阶电路

3.9.6 实验报告

1) 列写上机调试通过的程序，并描绘其波形曲线。
2) 回答下列思考题：

① 线性时不变系统的微分方程和系统函数有何联系？
② 对于式（3-3）中的 b_m 和 a_n 系数，在编写程序时，我们需要注意什么问题？

3.10 卷积的应用

3.10.1 实验目的

1) 了解 MATLAB 中有关卷积子函数的使用方法。
2) 掌握应用卷积求解连续时间系统响应的方法，并通过实验加深对卷积定理的认识。
3) 了解连续时间系统的仿真子函数及其应用，观察系统响应。

3.10.2 实验涉及的 MATLAB 子函数

1. conv( )

功能：进行两个序列的卷积运算。
调用格式：

```
y=conv(x,h);     %用于求解两个有限长序列 x 和 h 的卷积,y 的长度取 x 与 h 长度之和减 1
```

例如，$x(n)$ 和 $h(n)$ 的长度分别为 M 与 N，则通过下列语句

```
y=conv(x,h)
```

得到 y 的长度为 $M+N-1$。

说明：conv( ) 默认两个信号的时间序列从 $n=0$ 开始，因此，默认 y 对应的时间序列也从 $n=0$ 开始。

2. lsim( )

功能：对连续时间系统的响应进行仿真。
调用格式：

```
lsim(b,a,x,t);       %当将输入信号加在由 a、b 所定义的连续时间系统输入端时,将显示系
                     %统的零状态响应的时域仿真波形
y=lsim(b,a,x,t);     %当将输入信号加在由 a、b 所定义的连续时间系统输入端时,不直接显
                     %示仿真波形,而是将求出的数值存入输出变量 y
```

说明：其中，$b=[b_0,b_1,b_2,\cdots,b_m]$ 和 $a=[a_0,a_1,a_2,\cdots,a_n]$ 是连续时间系统的传递函数的系数。

x 和 t 是系统输入信号的行向量，如

```
t=0:0.01:10;
x=sin(t);
```

定义输入信号为一正弦信号 $\sin t$，且这个信号在 $0\sim 10\mathrm{s}$ 的时间内每间隔 $0.01\mathrm{s}$ 选取一个采样点。

3.10.3 实验原理

1. 直接使用 conv( ) 进行卷积运算

对于线性时不变系统，假设输入信号为 $e(t)$，系统冲激响应为 $h(t)$，零状态响应为

$y(t)$，则

$$y(t) = e(t)h(t)$$

在用 MATLAB 中的 conv( )子函数进行卷积计算前，连续时间信号必须首先经过等间隔抽样变为离散序列，则上式变为

$$y(k) = e(k)h(k)$$

求解两个信号的卷积的一个重要问题是如何确定卷积结果的时宽区间。MATLAB 中卷积子函数 conv( )默认两个信号的时间序列从 $n=0$ 开始，卷积的结果 y 对应的时间序列也从 $n=0$ 开始。

【例 3-50】已知两个信号分别为

$$f_1 = e^{-0.5t}u(t), \quad 0<t<20$$
$$f_2 = u(t), \quad\quad\quad 0<t<15$$

求两个信号的卷积和。

解：MATLAB 程序如下，运行结果如图 3-51 所示。

```
t1 = 0:20;                          %建立 f1 的时间向量
f1 = exp(-0.5*t1);                  %建立 f1 信号
subplot(2,2,1);plot(t1,f1);
title('f1(t)');
t2 = 0:15;                          %建立 f2 的时间向量
lf2 = length(t2);                   %取 f2 时间向量的长度
f2 = ones(1,lf2);                   %建立 f2 信号
subplot(2,2,2);plot(t2,f2);
title('f2(n)');
y = conv(f1,f2);                    %卷积运算
subplot(2,1,2);plot(y);
title('y(n)');
```

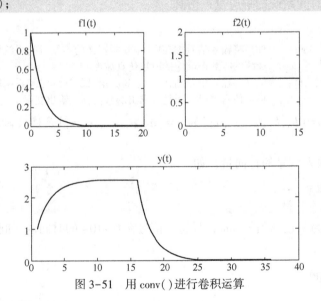

图 3-51 用 conv( )进行卷积运算

2. 复杂序列的卷积运算

MATLAB 中卷积子函数 conv( )默认两个信号的时间序列从 $n=0$ 开始，如果信号不是从

0开始的,则编程时必须用两个数组确定一个信号,一个数组是信号波形的非零振幅幅值,另一个数组是它对应的时间向量。此时,程序中不能直接使用子函数 conv( )。

下面是在 conv( )基础上进一步编写的新的卷积子函数 convnew( ),它是一个适用于信号从任意时间开始的通用程序。

```
function [y,ty] = convnew(x,tx,h,th,dt)
%建立 convnew( )子函数,计算 y(t) = x(t) * h(t)
%dt 为采样间隔;x 为一信号非零样值向量,tx 为 x 对应的时间向量;
%h 为另一信号或系统冲激函数的非零样值向量,th 为 h 对应的时间向量;
%y 为卷积积分的非零样值向量,ty 为它对应的时间向量
t1 = tx(1) + th(1);              %计算 y 的非零样值的起点位置
t2 = tx(length(x)) + th(length(h));  %计算 y 的非零样值的宽度
ty = [t1:dt:t2];                 %确定 y 的非零样值时间向量
y = conv(x,h);
```

上述程序可以计算两个连续时间信号的卷积和,或者信号通过一个系统时的响应。

【例 3-51】 输入信号如图 3-52a 所示,f_1 为一个振幅为 1 V,t 的范围为 $-2 \sim 2$ s 的斜坡信号;f_2 为一个 $Sa(\pi t/4)$ 信号,t 的范围为 $-5 \sim 5$ s,求两个信号的卷积和。

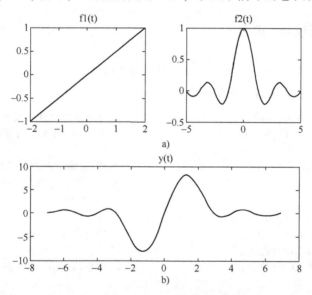

图 3-52 用 convnew( )进行卷积运算

解:MATLAB 程序如下,运行结果如图 3-52b 所示。

```
dt = 0.1;
tf1 = -2:dt:2;                          %f1 的时间向量
f1 = 0.5 * tf1;
tf2 = -5:dt:5;                          %f2 的时间向量
f2 = sinc(tf2 * pi/4);
[y,ty] = convnew(f1,tf1,f2,tf2,dt);    %调用子函数 convnew( )
subplot(2,2,1),plot(tf1,f1);            %显示 f1 信号
title('f1(t)');
subplot(2,2,2),plot(tf2,f2);            %显示 f2 信号
```

```
                title('f2(t)');
                subplot(2,1,2),plot(ty,y);        %卷积结果
                title('y');
```

注意：由于研究的是连续时间信号与系统，因此作图时应使用子函数 plot( ) 显示连续曲线。

3. 用卷积方式求解连续时间系统的响应

【例 3-52】 RLC 串联振荡电路如图 3-53 所示，$L=22\,\mathrm{mH}$，$C=2000\,\mathrm{pF}$，$R=100\,\Omega$，输入信号 $u_\mathrm{S}(t)$ 是振幅为 1 V、周期为 800 μs、脉冲宽度为 400 μs 的矩形信号，求其输出信号 $u_\mathrm{C}(t)$ 的响应波形。

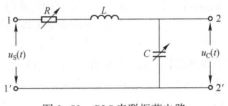

图 3-53　RLC 串联振荡电路

解：该电路的系统函数式为

$$H(s)=\frac{1}{s^2LC+sRC+1}$$

MATLAB 程序如下，运行结果如图 3-54 所示。

```
                L=22e-3;C=2e-9;R=100;              %输入电路元件参数
                a=[L*C,R*C,1];b=[1];               %由 H(S)输入 a、b 多项式系数
                dt=1e-6;
                t=0:dt:8e-4;                       %t 的选取范围为 0～800 μs
                ht=impulse(b,a,t);                 %求解系统的冲激响应
                N=length(t);                       %取 t 的样点数
                et=[ones(1,(N-1)/2),zeros(1,(N-1)/2+1)]; %建立输入信号
                [yt,ty]=convnew(et,t,ht,t,dt);     %用卷积方式求解输出响应
                subplot(1,3,1),plot(t,et);
                axis([0 8e-4 -0.1 1.2]);           %调整输入信号波形显示范围
                title('e(t)');
                subplot(1,3,2),plot(t,ht);
                title('h(t)');
                subplot(1,3,3),plot(ty,yt);
                title('y(t)');
```

4. 用连续时间系统仿真函数 lsim( ) 求解响应

在用卷积方式求解连续时间系统的响应时，如果输入信号和系统冲激响应的长度是有限的，那么结果总是会落在振幅为 0 处。如果用连续时间系统仿真函数 lsim( ) 求解响应，那么会使系统响应的求解比较方便，可以避免上述问题。

下面使用连续时间系统仿真函数 lsim( ) 重新解答例 3-52，先将例 3-52 中求解响应的一条语句

```
                [yt,ty]=convnew(et,t,ht,t,dt);
```

第3章 MATLAB辅助设计与仿真分析实验

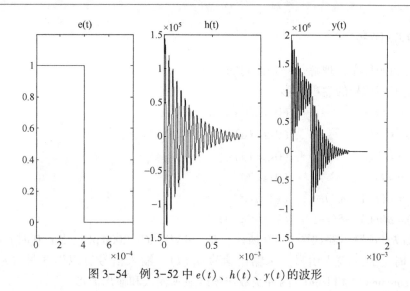

图 3-54 例 3-52 中 $e(t)$、$h(t)$、$y(t)$ 的波形

改为

```
yt=lsim(b,a,et,t);
```

再将作图语句

```
plot(ty,yt);
```

改为

```
plot(yt);
```

重新运行程序，得到的运行结果如图 3-55 所示。

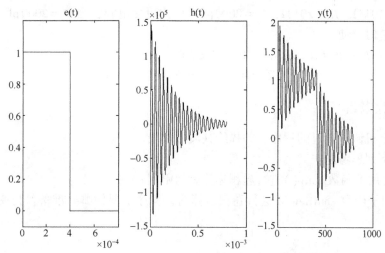

图 3-55 用连续时间系统仿真函数 lsim( ) 求解响应波形

3.10.4 实验准备

1）认真阅读实验原理部分，了解用 MATLAB 进行连续时间信号与系统卷积的方法、步骤。

2）理解实验原理部分有关例题，根据实验任务（见 3.10.5 节）要求运行或编写实验程序。

3.10.5 实验任务

1) 运行例题程序,理解每一条语句的含义。
2) 绘制下列信号的卷积波形:

① $f_1(t) = u(t)$ (0<t<20)
   $f_2(t) = 0.8^t$ (0<t<16)

② $f_1(t) = e^{-5t}$ (0<t<10)
   $f_2(t) = \sin t$ (0<t<20)

③ $f_1(t) = u(t+1) - u(t-1)$ (-5<t<5)
   $f_2(t) = \delta(t+5) + \delta(t-5)$ (-10<t<10)

3) 已知 RC 串联电路如图 3-49 所示,$R = 20\,k\Omega$, $C = 2000\,pF$。当 $t<0$ 时,C 无能量存储;当 $t=0$ 时,加入输入信号,求输出信号 $u_C(t)$。输入信号有以下 3 种($E = 1\,V$,$\tau = RC$),请用 convnew( ) 和 lsim( ) 两种函数作图以显示输入和输出波形。

① 阶跃信号:$e(t) = Eu(t)$。
② 指数充电信号:$e(t) = (1 - e^{-10000t})u(t)$。
③ 正弦信号:$e(t) = \sin(\omega_c t)u(t)$,$\omega_c = 2\pi f_c$。

观察:输出改为 $u_R(t)$,其他条件不变,有何现象发生?

4) 图 3-56 为 RC 脉冲分压器,当 $t<0$ 时,C 无能量存储;当 $t=0$ 时,输入一个阶跃信号。请用 lsim( ) 函数求 $u_2(t)$。

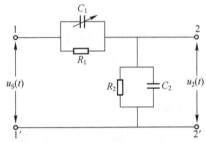

图 3-56　RC 脉冲分压器

已知 $R_1 = 10\,k\Omega$,$R_2 = 20\,k\Omega$,$C_2 = 2000\,pF$。C_1 为可变电容,当 $C_1 = 2000\,pF$、$C_1 = 4000\,pF$ 和 $C_1 = 6000\,pF$ 时,使

① $R_1C_1 = R_2C_2$;② $R_1C_1 > R_2C_2$;③ $R_1C_1 < R_2C_2$

将上述 3 种情况在同一坐标系上用不同颜色的线条表现出来。

3.10.6 实验报告

1) 列写上机调试通过的程序,并描绘其波形曲线。
2) 回答下列思考题:
① 直接使用子函数 conv( ) 进行卷积运算有何限制?
② 在调用子函数 convnew( ) 进行卷积运算前,程序上要做哪些准备?与使用 conv( ) 有何不同?

3.11 连续时间系统的频率响应

3.11.1 实验目的

1) 加深对连续时间系统的频率响应特性的理解。
2) 了解连续时间系统的零极点与频率响应特性之间的关系。

3) 熟悉 MATLAB 中求解连续时间系统分析频率响应特性的常用子函数,掌握连续时间系统的幅频响应特性和相频响应特性的求解方法。

3.11.2 实验涉及的 MATLAB 子函数

1. freqs( )

功能:求解连续时间系统的频率响应特性。

调用格式:

```
h=freqs(b,a,w);        %用于计算连续时间系统的复频率响应特性,其中,实矢量w用于指定频率
[h,w]=freqs(b,a);      %自动设定 200 个频率点来计算频率响应特性,将 200 个频率记录在 w 中
[h,w]=freqs(b,a,n);    %设定 n 个频率点来计算频率响应特性
freqs(b,a);            %不带输出变量的 freqs( )函数,将在当前图形窗口中绘制幅频响应特性
                       %和相频响应特性曲线
```

说明:freqs( )用于计算由矢量 a 和 b 构成的连续时间系统的复频率响应特性 $H(j\omega)$,系统函数表达式为

$$H(s) = \frac{B(s)}{A(s)} = \frac{b_0 s^m + b_1 s^{m-1} + \cdots + b_{m-1} s + b_m}{s^n + a_1 s^{n-1} + \cdots + a_{n-1} s + a_n}$$

其系统函数的系数 $b = [b_0, b_1, b_2, \cdots, b_m]$,$a = [a_0, a_1, a_2, \cdots, a_n]$。

2. angle( )

功能:求相角。

调用格式:

```
p=angle(h);            %用于求取复矢量或复矩阵 h 的相角(以弧度为单位),相角介于-π~π 之间
```

3.11.3 实验原理

1. 连续时间系统的频率响应特性

已知系统函数 $H(s)$ 的零-极点增益(ZPK)模型的表达式为

$$H(s) = K \frac{\prod_{j=1}^{m}(s - z_j)}{\prod_{i=1}^{n}(s - p_i)}$$

取 $s = j\omega$,即在 S 平面中,s 沿虚轴移动,得到系统的频率响应函数为

$$H(j\omega) = K \frac{\prod_{j=1}^{m}(j\omega - z_j)}{\prod_{i=1}^{n}(j\omega - p_i)} = K \frac{\prod_{j=1}^{m} N_j e^{j\psi_j}}{\prod_{i=1}^{n} M_i e^{j\theta_i}} = |H(j\omega)| e^{j\varphi(\omega)}$$

其中,系统的幅频响应特性为

$$|H(j\omega)| = K \frac{\prod_{j=1}^{m} N_j}{\prod_{i=1}^{n} M_i}$$

系统的相频响应特性为

$$\varphi(\omega) = \sum_{j=1}^{m} \psi_j - \sum_{i=1}^{n} \theta_i$$

由此可见，系统函数与频率响应有密切联系。频率特性取决于零极点的分布，适当地控制系统函数的零点、极点的位置，可以改变系统的频率响应特性。

2. 连续时间系统的频率响应特性的求解方法

为了求解连续时间系统的频率响应特性和离散时间系统的频率响应特性，MATLAB 分别提供了 freqs( ) 和 freqz( ) 函数，二者使用方法类似。本实验主要讨论连续时间系统频率响应特性的求解方法。

【例 3-53】已知 RC 一阶高通电路如图 3-57 所示，其中 $R = 200\,\Omega$，$C = 0.47\,\mu F$，列写其系统函数，并求解其幅频响应特性与相频响应特性。

解：该高通电路的系统函数 $H(s)$ 为

$$H(s) = \frac{U_R(s)}{U(s)} = \frac{R}{R + \frac{1}{sC}} = \frac{sRC}{sRC + 1}$$

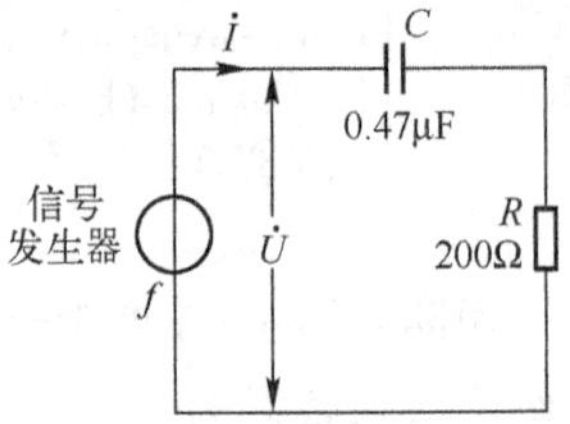

图 3-57 RC 一阶高通电路

利用下列 MATLAB 程序求解幅频响应特性与相频响应特性，运行结果如图 3-58 所示。

```
r=200;c=0.47e-6;
b=[r*c,0];
a=[r*c,1];
freqs(b,a);
```

由图 3-58 可知，上述程序采用了 freqs 不带输出向量的形式，直接输出图，显示的图形还不能全面地反映幅频和相频响应特性。为此，需要使用 freqs 的其他形式。

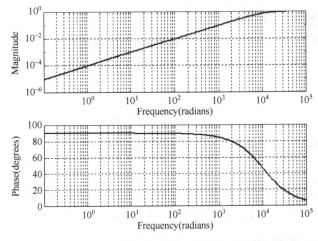

图 3-58 RC 高通滤波器幅频响应特性与相频响应特性

将上述程序改为

```
r=200;c=0.47e-6;
b=[r*c,0];
```

```
a=[r*c,1];
w=0:40000;
h=freqs(b,a,w);
subplot(2,1,1),plot(w,abs(h));grid        %绘制系统的幅频响应特性图
ylabel('振幅');
subplot(2,1,2),plot(w,angle(h)/pi*180);grid  %绘制系统的相频响应特性图
ylabel('相位');xlabel('角频率/(rad/s)');
```

改进后的程序的运行结果如图 3-59 所示，该图能较全面地反映高通滤波器的幅频响应特性和相频响应特性，而且横轴采用实际频率表示，更加符合实验中实际测量的情况。

图 3-59 程序改进后的 RC 高通滤波器幅频响应特性与相频响应特性

3. 系统频率响应特性曲线与零极点分布图

【例 3-54】 已知 RLC 并联电路如图 3-60 所示，其中 $R=200\,\Omega$，$C=0.47\,\mu F$，$L=22\,mH$，列写该电路的系统函数，并求解该系统的幅频响应特性、相频响应特性、谐振频率点，以及绘制零极点分布图。

解： 由电路图可以写出下列系统函数

$$Z(s)=\frac{U_2(s)}{I_1(s)}=\frac{1}{\frac{1}{R}+Cs+\frac{1}{Ls}}=\frac{s}{Cs^2+\frac{1}{R}s+\frac{1}{L}}$$

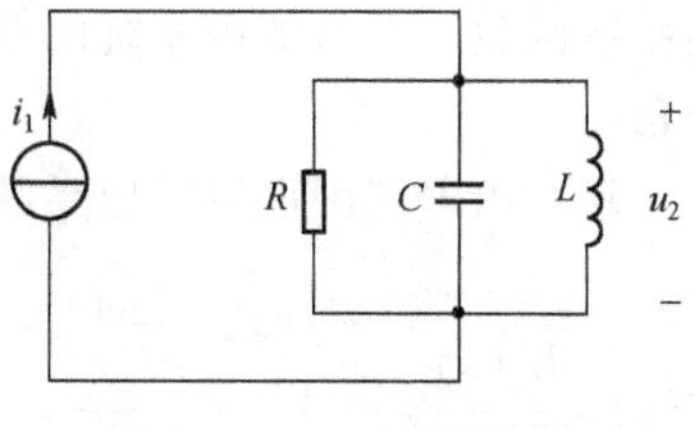

绘制幅频响应特性、相频响应特性和零极点分布图的程序如下，运行结果如图 3-61 所示。

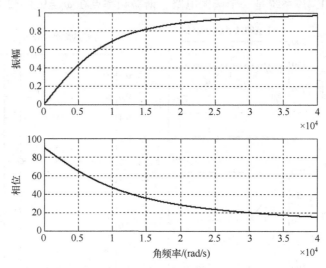

图 3-60 RLC 并联电路

```
r=200;c=0.47e-6;l=22e-3;
b=[1,0];
a=[c,1/r,1/l];
w0=1/(sqrt(l*c))
w=0:30000;
h=freqs(b,a,w);
%绘制幅频响应特性图
subplot(2,2,1),plot(w,abs(h),w0,max(abs(h)),'*r');grid
```

```
ylabel('振幅');title('系统的频率响应特性')
%绘制相频响应特性图
subplot(2,2,3),plot(w,angle(h)/pi*180);grid
ylabel('相位');xlabel('角频率/(rad/s)');
subplot(1,2,2),pzmap(b,a);title('系统的零极点分布')
```

在 MATLAB 命令窗口中，将显示

```
w0 =
  9.8342e+003
```

由图 3-61 可知，该系统是一个谐振电路，谐振频率点在 $\omega_0 = 9.8342 \times 10^3$ rad/s 处。

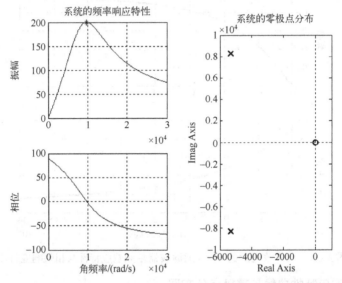

图 3-61 例 3-54 对应的系统的幅频响应特性、相频响应特性和零极点分布图

【例 3-55】已知 LC 电路如图 3-62 所示，其中 $C_1 = 1$ F，$C_2 = 1$ F，$L = 1$ H。列写该电路的系统函数，并求解该系统的幅频响应特性、相频响应特性、谐振频率点，以及绘制零极点分布图。

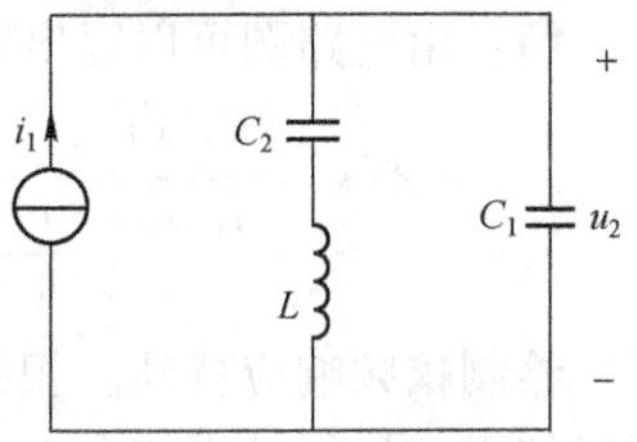

解：由电路图可以写出系统函数

$$Z(s) = \frac{U_2(s)}{I_1(s)} = \frac{\frac{1}{sC_1}\left(sL + \frac{1}{sC_2}\right)}{\frac{1}{sC_1} + \left(sL + \frac{1}{sC_2}\right)} = \frac{s^2 LC_2 + 1}{s^3 LC_1 C_2 + s(C_1 + C_2)} = k\frac{s^2 + \omega_1^2}{s(s^2 + \omega_2^2)}$$

图 3-62 LC 电路

式中，$\omega_1 = 1/\sqrt{LC_2}$，$\omega_2 = 1/\sqrt{LC_1 C_2/(C_1 + C_2)}$。

求解幅频响应特性、相频响应特性，以及绘制零极点分布图的程序如下，运行结果如图 3-63 所示。

```
c1=1;c2=1;l=1;
b=[l*c2,0,1];
a=[l*c1*c2,0,c1+c2,0];
w1=1/(sqrt(l*c2))
```

```
w2=1/(sqrt(l*(c1*c2/(c1+c2))));
w=linspace(0,2,501);
h=freqs(b,a,w);
%[h,w]=freqs(b,a);
subplot(2,2,1),plot(w,abs(h));grid        %绘制幅频响应特性图
axis([0,2,0,100]);
ylabel('振幅');title('系统的频率响应特性')
subplot(2,2,3),plot(w,angle(h)/pi*180);grid   %绘制相频响应特性图
axis([0,2,-100,100]);
ylabel('相位');xlabel('角频率/(rad/s)');
subplot(1,2,2),pzmap(b,a);title('系统的零极点分布')
```

在 MATLAB 命令窗口中，将显示

```
w1 =
     1
w2 =
    1.4142
```

由图 3-63 可知，该系统是一个具有共轭极点和共轭零点的谐振电路。在频率$\pm j\omega_1$处，有一对共轭零点；在频率 0 处，有一极点；在频率$\pm j\omega_2$处，有一对共轭极点。

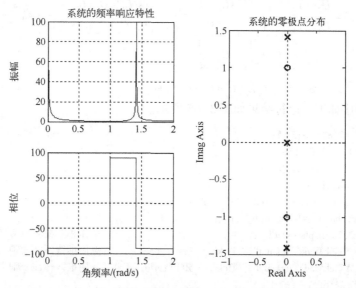

图 3-63　例 3-55 对应的系统的幅频响应特性、相频响应特性和零极点分布图

4. 求解连续时间系统的频率响应特性的实用程序

在实际使用 freqs() 函数进行连续时间系统的频率响应分析时，通常需要求解幅频响应特性、相频响应特性，而幅频响应特性又分为绝对幅频和相对幅频两种表示方法。这里介绍一个求解频率响应特性的实用程序 freqs_m.m，利用这个程序，可以方便地满足上述要求。

```
function [db,mag,pha,w]=freqs_m(b,a,wmax);
w=[0:500]*wmax/500;
H=freqs(b,a,w);
```

```
mag = abs(H);
db = 20 * log10((mag+eps)/max(mag));
pha = angle(H);
```

子函数 freqs_m( ) 是函数 freqs( ) 的修正函数,可获得幅频响应(绝对和相对)、相频响应。其中,db 记录了一组对应 0~wmax 频率区域的相对幅频响应(电压电平)值;mag 记录了一组对应 0~wmax 频率区域的绝对幅频响应值;pha 记录了一组对应 0~wmax 频率区域的相频响应值;w 中记录了对应 0~wmax 频率区域的 500 个频点的频率;wmax 是指以 rad/s 为单位的最高频率。

下面举例说明其使用方法。

【例 3-56】 已知 LC 二阶电路如图 3-64 所示,其中 $C_1 = 1\,\text{F}$,$L_1 = 2\,\text{H}$,$C_2 = 2\,\text{F}$,$L_2 = 5\,\text{H}$,列写该电路的系统函数,并求解该系统的绝对幅频响应特性、相对幅频响应特性、相频响应特性,以及绘制零极点分布图。

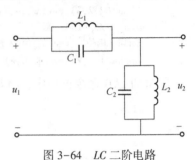

图 3-64 LC 二阶电路

解: 由电路图可以写出下列系统函数

$$H(s) = \frac{U_2(s)}{U_1(s)} = \frac{\dfrac{1}{sC_2 + \dfrac{1}{sL_2}}}{\dfrac{1}{sC_1 + \dfrac{1}{sL_1}} + \dfrac{1}{sC_2 + \dfrac{1}{sL_2}}} = \frac{s^2 L_1 L_2 C_1 + L_2}{s^2 [L_1 L_2 (C_1 + C_2)] + L_1 + L_2} = k \frac{s^2 + \omega_1^2}{s^2 + \omega_2^2}$$

式中,$\omega_1 = 1/\sqrt{L_1 C_1}$,$\omega_2 = 1/\sqrt{L_1 L_2 (C_1 + C_2)/(L_1 + L_2)}$。

MATLAB 程序如下,运行结果如图 3-65 所示。

```
c1=1;l1=2;c2=2;l2=5;
b=[l1*l2*c1,0,l2];
a=[l1*l2*(c1+c2),0,l1+l2];
w1=1/(sqrt(l1*c1))
w2=1/(sqrt(l1*l2*(c1+c2)/(l1+l2)))
[db,mag,pha,w]=freqs_m(b,a,1);
subplot(2,2,1),plot(w,db);                    %作相对幅频响应特性图
set(gca,'XTickMode','manual','XTick',[w2,w1]);   %用虚线标注 x 轴上的特殊点
set(gca,'YTickMode','manual','YTick',[-50]);grid %用虚线标注 y 轴上的特殊点
ylabel('振幅/dB');
subplot(2,2,2),plot(w,mag);                   %作绝对幅频响应特性图
set(gca,'XTickMode','manual','XTick',[w2,w1]);
set(gca,'YTickMode','manual','YTick',[0,50,100]);grid
ylabel('振幅/V');
subplot(2,2,3),plot(w,pha/pi*180);            %作相频响应特性图
set(gca,'XTickMode','manual','XTick',[w2,w1]);
set(gca,'YTickMode','manual','YTick',[0,90,180]);grid
ylabel('相位');xlabel('角频率/(rad/s)');
subplot(2,2,4),pzmap(b,a);
```

在 MATLAB 命令窗口中,将显示

```
w1 =
    0.7071
w2 =
    0.4830
```

由图 3-65 可知，该系统是一个具有共轭极点和共轭零点的谐振电路。在频率 $\pm j\omega_1$ 处，有一对共轭零点；在频率 $\pm j\omega_2$ 处，有一对共轭极点。

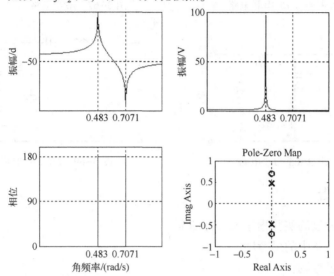

图 3-65 利用子函数 freqs_m( ) 求解系统的频率响应特性和绘制零极点分布图

3.11.4 实验准备

1) 认真阅读实验原理，明确本次实验任务，理解相关函数和例题程序，了解实验方法。
2) 根据实验任务（见 3.11.5 节）要求运行或编写实验程序。
3) 思考题：如何利用 MATLAB 求解连续时间系统的幅频响应特性和相频响应特性？

3.11.5 实验任务

1) 运行实验原理中介绍的例题程序，理解每一条语句的含义，观察程序输出图形，并通过图形了解连续时间系统的频率响应特性，分析系统零极点对频率响应特性的影响。

2) 已知 RL 串联电路如图 3-66 所示，其中，$R=1\mathrm{k}\Omega$，$L=15\mathrm{mH}$，当电阻两端电压作为响应时，列写其系统函数，并求解其幅频响应特性与相频响应特性。

3) 已知 RLC 电路如图 3-67 所示，其中，$R=10\Omega$，$C=0.1\mu\mathrm{F}$，$L=20\mathrm{mH}$，列写该电路的系统函数，并求解该系统的幅频响应特性、相频响应特性、谐振频率点，以及绘制零极点分布图。

4) 已知 LC 电路如图 3-68 所示，其中，$C=1\mathrm{F}$，$L_1=1\mathrm{H}$，$L_2=1\mathrm{H}$，列写该电路的系统函数，并求解该系统的幅频响应特性、相频响应特性、谐振频率点，以及绘制零极点分布图。

5) 已知 LC 二阶电路如图 3-69 所示，其中，$C_1=1\mathrm{F}$，$L_1=2\mathrm{H}$，$C_2=2\mathrm{F}$，$L_2=6\mathrm{H}$，列写该电路的系统函数，并求解该系统的绝对幅频响应特性、相对幅频响应特性、相频响应特性，以及绘制零极点分布图。

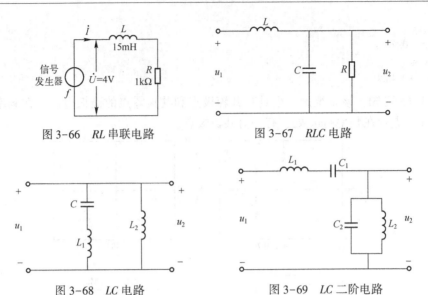

图 3-66　RL 串联电路　　　　　图 3-67　RLC 电路

图 3-68　LC 电路　　　　　　　图 3-69　LC 二阶电路

3.11.6　实验报告

1）列写调试通过的实验程序及运行结果。
2）回答实验准备中的思考题。
3）回答下列思考题：
连续时间系统的零极点对系统的幅频响应特性有何影响？

3.12　连续时间系统的零极点分析

3.12.1　实验目的

1）分析连续时间系统的零极点对系统冲激响应的影响。
2）了解连续时间系统的零极点与系统因果性、稳定性的关系。
3）熟悉 MATLAB 中进行连续时间系统的零极点分析时的常用子函数。

3.12.2　实验涉及的 MATLAB 子函数

1. pzmap( )

功能：显示线性时不变系统的零极点分布图。
调用格式：

```
pzmap(b,a);         %绘制由行向量 b 和 a 构成的系统函数所确定的零极点分布图
pzmap(p,z);         %绘制由列向量 z 确定的零点、列向量 p 确定的极点构成的零极点分布图
[p,z]=pzmap(b,a);   %由行向量 b 和 a 构成的系统函数确定零极点
```

2. roots( )

功能：求多项式的根。
调用格式：

```
r=roots(a);    %由多项式的分子或分母系数向量求根向量。其中，多项式的分子或分母系数
               %向量按降幂排列，得到的根向量为列向量
```

3. zp2tf( )

功能：将系统函数的零-极点增益模型转换为传递函数模型。

调用格式：

```
[num,den]=zp2tf(z,p,k);    %输入零-极点增益模型零点向量 z、极点向量 p 和增益系数 k，
                           %求传递函数模型中分子多项式（num）和分母多项式（den）
                           %的系数向量
```

其中，传递函数模型的表达式为

$$H(s)=\frac{B(s)}{A(s)}=\frac{b_0s^m+b_1s^{m-1}+\cdots+b_{m-1}s+b_m}{s^n+a_1s^{n-1}+\cdots+a_{n-1}s+a_n}$$

系统函数的零-极点增益模型的表达式为

$$H(s)=k\frac{(s-q_1)(s-q_2)\cdots(s-q_M)}{(s-p_1)(s-p_2)\cdots(s-p_N)}$$

4. tf2zp( )

功能：将传递函数模型转换为系统函数的零-极点增益模型。

调用格式：

```
[z,p,k]=tf2zp(num,den);    %输入传递函数模型中分子多项式（num）和分母多项式（den）
                           %的系数向量，求系统函数的零-极点增益模型中的零点向量 z、
                           %极点向量 p 和增益系数 k。其中，z、p、k 为列向量
```

3.12.3 实验原理

1. 连续时间系统的稳定性

连续时间系统的稳定性由它自身的性质决定，与激励信号无关。系统的特性可以用系统函数 $H(s)$ 和系统的冲激响应 $h(t)$ 来表征。

因果系统可分为下列三种情况。

1) 稳定系统。当 $H(s)$ 全部极点落在 S 左半平面（不包括虚轴），且满足

$$\lim_{t\to\infty}h(t)=0$$

时，系统是稳定的。

2) 不稳定系统。如果 $H(s)$ 的极点落在 S 右半平面，或在虚轴上具有二阶以上的极点，且经过足够长的时间后，$h(t)$ 仍在继续增长，则系统是不稳定的。

3) 临界稳定系统。如果 $H(s)$ 的极点落在 S 平面虚轴上，且只有一阶，则经过足够长的时间后，$h(t)$ 趋于一个非零的数值或形成一个等幅振荡，是处于前两种类型的临界情况。

$H(s)$ 的零点分布情况仅影响时域波形的振幅和相位，对系统的稳定性没有影响。

2. 系统的极点位置对系统稳定性的影响

系统函数 $H(s)$ 的极点位置对系统的冲激响应 $h(t)$ 有明显的影响，下面举例说明系统的极点分别在不同位置时的情况，使用 MATLAB 提供的子函数 pzmap( ) 绘制零极点分布图并对它进行分析。

【例 3-57】分析极点落在 S 左半平面时对系统的冲激响应的影响。

已知系统函数分别为

$$H_1(s) = \frac{1}{s+\alpha}, \qquad \alpha = 1$$

$$H_2(s) = \frac{1}{(s+\alpha)^2 + \beta^2}, \qquad \alpha = 1, \quad \beta = 4$$

绘制这些系统的零极点分布图和系统的冲激响应图，并判断系统的稳定性。

解：整理上述系统函数，可得

$$H_1(s) = \frac{1}{s+1}$$

其系统函数的系数 $b = [1]$，$a = [1,1]$；

$$H_2(s) = \frac{1}{s^2 + 2s + 17}$$

其系统函数的系数 $b = [1]$，$a = [1,2,17]$。

绘制系统的零极点分布图和系统的冲激响应图的程序如下，运行结果如图 3-70 所示。

```
%分析极点在 S 左半平面时对系统的冲激响应的影响
b1=[1];a1=[1,1];
subplot(2,2,1),pzmap(b1,a1);        %作 S 平面零极点分布图
axis([-2,2,-1,1]);
title('极点在 S 左半平面的位置');
subplot(2,2,2),impulse(b1,a1);      %作系统的冲激响应图
axis([0,5,0,1.2]);
title('对应的冲激响应');
b2=[1];a2=[1,2,17];
subplot(2,2,3),pzmap(b2,a2);        %作 S 平面零极点分布图
axis([-2,2,-6,6]);
subplot(2,2,4),impulse(b2,a2);      %作系统的冲激响应图
axis([0,5,-0.1,0.2]);
```

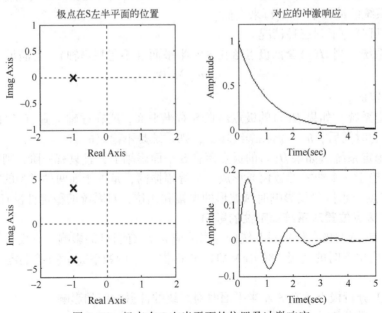

图 3-70　极点在 S 左半平面的位置及冲激响应

由图 3-70 可知，上述两个系统函数 $H(s)$ 的极点均处于 S 平面的左半平面，系统的冲激响应 $h(t)$ 的曲线随着时间增加而收敛，该系统为稳定系统。

【例 3-58】 分析极点落在 S 右半平面时对系统的冲激响应的影响。

已知系统函数分别为

$$H_1(s) = \frac{1}{s-\alpha}, \qquad \alpha = 1$$

$$H_2(s) = \frac{1}{(s-\alpha)^2 + \beta^2}, \quad \alpha = 1, \beta = 4$$

绘制这些系统的零极点分布图和系统的冲激响应图，并判断系统的稳定性。

解：绘制系统的零极点分布图和系统的冲激响应图的程序如下，运行结果如图 3-71 所示。

```
%分析极点在 S 右半平面的影响
b1=[1];a1=[1,-1];
subplot(2,2,1),pzmap(b1,a1);        %作 S 平面零极点分布图
axis([-2,2,-1,1]);
title('极点在 S 右半平面的位置');
subplot(2,2,2),impulse(b1,a1);      %作系统的冲激响应图
title('对应的冲激响应');
b2=[1];a2=[1,-2,17];
subplot(2,2,3),pzmap(b2,a2);        %作 S 平面零极点分布图
axis([-2,2,-6,6]);
subplot(2,2,4),impulse(b2,a2);      %作系统的冲激响应图
```

由图 3-71 可知，上述两个系统函数 $H(s)$ 的极点均处于 S 平面的右半平面，系统的冲激响应 $h(t)$ 的曲线随时间的增加而发散，该系统为不稳定系统。

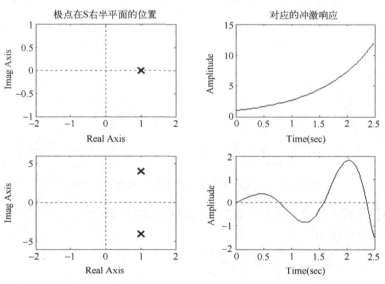

图 3-71　极点在 S 右半平面的位置及冲激响应

【例 3-59】 分析极点落在 S 平面虚轴上时对系统的冲激响应的影响。

已知系统函数分别为

$$H_1(s)=\frac{1}{s}$$

$$H_2(s)=\frac{1}{s^2+\beta^2}, \quad \beta=4$$

绘制这些系统的零极点分布图和系统的冲激响应图，并判断系统的稳定性。

解：绘制系统的零极点分布图和系统的冲激响应图的程序如下，运行结果如图 3-72 所示。

```
%分析极点落在 S 平面虚轴上的影响
b1=[1];a1=[1,0];
subplot(2,2,1),pzmap(b1,a1);        %作 S 平面零极点分布图
axis([-2,2,-1,1]);
title('极点在 S 平面虚轴上的位置');
subplot(2,2,2),impulse(b1,a1);      %作系统的冲激响应图
axis([0,1,0,2]);
title('对应的冲激响应');
b2=[1];a2=[1,0,16];
subplot(2,2,3),pzmap(b2,a2);        %作 S 平面零极点分布图
axis([-2,2,-6,6]);
subplot(2,2,4),impulse(b2,a2);      %作系统的冲激响应图
```

由图 3-72 可知，上述两个系统函数 $H(s)$ 的极点均处于 S 平面的虚轴上，系统的冲激响应 $h(t)$ 的曲线表现为等幅振荡，该系统处于临界状态。

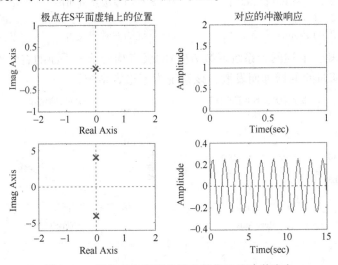

图 3-72 极点在 S 平面虚轴上的位置及冲激响应

【例 3-60】 分析 S 平面上多重极点对系统的冲激响应的影响。

已知系统函数分别为

$$H_1(s)=\frac{1}{s^2}$$

$$H_2(s)=\frac{1}{(s+\alpha)^2}, \quad \alpha=1$$

$$H_3(s)=\frac{1}{(s+\alpha)^2}, \quad \alpha=-1$$

$$H_4(s) = \frac{2\beta s}{(s^2+\beta^2)^2}, \quad \beta=1$$

绘制这些系统的零极点分布图和系统的冲激响应图,判断系统的稳定性。

解:绘制系统的零极点分布图和系统的冲激响应图的程序如下,运行结果如图 3-73 所示。

```
%研究多重极点在 S 平面上的分布与冲激响应波形
b1=[1]; a1=[1,0,0];
subplot(4,2,1),pzmap(b1,a1);      %作 S 平面零极点分布图
axis([-2,2,-1,1]);
title('多重极点在 S 平面的位置');
subplot(4,2,2),impulse(b1,a1);    %作系统的冲激响应图
title('系统的冲激响应');
b2=[1];a2=[1,2,1];
subplot(4,2,3),pzmap(b2,a2);      %作 S 平面零极点分布图
axis([-2,2,-1,1]);
subplot(4,2,4),impulse(b2,a2);    %作系统的冲激响应图
b3=[1];a3=[1,-2,1];
subplot(4,2,5),pzmap(b3,a3);      %作 S 平面零极点分布图
axis([-2,2,-1,1]);
subplot(4,2,6),impulse(b3,a3);    %作系统的冲激响应图
b4=[2,0];a4=[1,0,2,0,1];
subplot(4,2,7),pzmap(b4,a4);      %作 S 平面零极点分布图
axis([-2,2,-1,1]);
subplot(4,2,8),impulse(b4,a4);    %作系统的冲激响应图
```

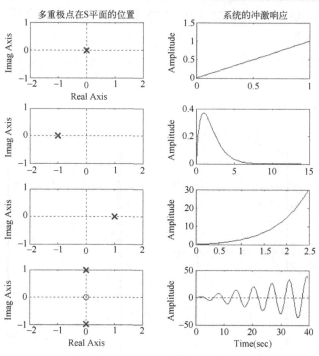

图 3-73 多重极点在 S 平面的位置及冲激响应

与图 3-70~图 3-72 不同是,图 3-73 中所有极点均为二阶极点。由图 3-73 可见,当

$H(s)$ 的极点落在 S 左半平面时，$h(t)$ 波形表现为衰减形式；当 $H(s)$ 的极点落在 S 右半平面时，$h(t)$ 波形表现为指数式增长形式；落在虚轴上的一阶极点对应的 $h(t)$ 波形表现为等幅振荡或阶跃，而落在虚轴上的二阶极点将使 $h(t)$ 波形表现为线性增长形式。

3. 系统的因果稳定性实例分析

除可以根据 $H(s)$ 的系数直接绘制零极点分布图以外，子函数 pzmap( ) 还可以用于求出零极点的值。另外，MATLAB 提供的子函数 roots( ) 可用于求多项式的根，即可以求零极点的值，这有助于进行系统因果稳定性分析。

【例 3-61】已知连续时间系统的系统函数为

$$H(s) = \frac{4s+5}{s^2+5s+6}$$

求该系统的零极点的值，并绘制零极点分布图和冲激响应图，然后判断系统的因果稳定性。

解：题干给出的公式是按 s 降幂排列的。相应的 MATLAB 程序如下。

```
b=[4,5];a=[1,5,6];
rp=roots(a);
rz=roots(b);
%[rp,rz]=pzmap(b,a)可替换上面两句
subplot(1,2,1),pzmap(b,a)      %作S平面零极点分布图
axis([-4,1,-1,1]);
title('系统的S平面图');
subplot(1,2,2),impulse(b,a);   %作系统的冲激响应图
title('系统的冲激响应');
```

程序运行后，在 MATLAB 命令窗口中看到如下结果，绘制结果如图 3-74 所示。

```
rp =
    -3.0000
    -2.0000
rz =
    -1.2500
```

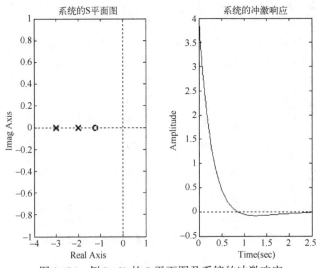

图 3-74　例 3-61 的 S 平面图及系统的冲激响应

由运行结果和图 3-74 可知，该系统的极点均在 S 左半平面，系统的冲激响应曲线随时间的增加而收敛，因此该系统是因果稳定系统。

【例 3-62】 已知连续时间系统的系统函数为

$$H(s) = \frac{s+2}{(s+1)(s-2)(s+3)}$$

求该系统的零极点的值并绘制零极点分布图和冲激响应图，然后判断系统的因果稳定性。

解：相应的 MATLAB 程序如下。

```
z=[-2]'
p=[-1,2,-3]'
k=1
subplot(1,2,1),pzmap(p,z);      %作 S 平面零极点分布图
axis([-4,4,-1,1]);
title('系统的 S 平面图');
[b,a]=zp2tf(z,p,k)              %由 ZPK 模型求 b、a 系数
subplot(1,2,2),impulse(b,a);    %作系统的冲激响应图
title('系统的冲激响应');
```

程序运行后，在 MATLAB 命令窗口中看到如下结果，绘制结果如图 3-75 所示。

```
z =
    -2
p =
    -1
     2
    -3
k =
     1
b =
     0     0     1     2
a =
     1     2    -5    -6
```

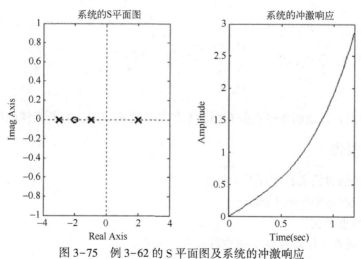

图 3-75　例 3-62 的 S 平面图及系统的冲激响应

由运行结果和图 3-75 可知，该系统有一个极点在 S 右半平面，系统的冲激响应曲线随时间的增加而发散，因此，该系统不是因果稳定系统。

3.12.4 实验准备

1）认真阅读实验原理，明确本次实验任务，理解相关函数和例题程序，了解实验方法。

2）根据实验任务（见 3.12.5 节）要求运行或编写实验程序。

3）思考题：
① 连续时间系统必须满足什么条件才具有稳定性？
② MATLAB 提供了哪些进行连续时间系统零极点分析的子函数？如何使用它们？

3.12.5 实验任务

1）运行实验原理中介绍的例题程序，理解每一条语句的含义，观察程序的输出结果，分析零极点对系统特性的影响。

2）已知连续时间系统的系统函数分别为

$$H_1(s) = \frac{s}{s^2+s}$$

$$H_2(s) = \frac{5s^2+8s+2}{7s^2+3s+4}$$

$$H_3(s) = \frac{7s+1}{s^2+3s+2}$$

$$H_4(s) = \frac{4s}{s^4+2s^3-3s^2+4s+5}$$

求这些系统的零极点的值，并绘制零极点分布图和系统的冲激响应图，判断系统的稳定性。

3）已知连续时间系统的系统函数分别为

$$H_1(s) = \frac{5(s-1)(s+3)}{(s-2)(s+4)}$$

$$H_2(s) = \frac{s+3}{(s+1)^2(s+2)}$$

$$H_3(s) = \frac{1}{(s+1)^3}$$

求该系统的零极点，并绘制零极点分布图和系统的冲激响应图，判断系统的稳定性。

3.12.6 实验报告

1）列写调试通过的实验程序及运行结果。

2）回答实验准备中的思考题。

3）回答下列思考题：
系统函数零极点的位置与系统的冲激响应有何关系？

3.13 离散时间系统的零极点分析

3.13.1 实验目的

1) 了解离散时间系统的零极点与系统因果性和稳定性的关系。
2) 分析离散时间系统的零极点对系统冲激响应的影响。
3) 熟悉 MATLAB 中进行离散时间系统零极点分析的常用子函数。

3.13.2 实验涉及的 MATLAB 子函数

zplane( )的功能：绘制离散时间系统的零极点分布图。
调用格式：

zplane(z,p);	%绘制由列向量 z 确定的零点、列向量 p 确定的极点构成的零极 %点分布图
zplane(b,a);	%绘制由行向量 b 和 a 构成的系统函数确定的零极点分布图
[hz,hp,ht] = zplane(z,p);	%执行后可得到 3 个句柄向量，其中，hz 为零点线句柄，hp 为极 %点线句柄，ht 为坐标轴、单位圆和文本对象的句柄

3.13.3 实验原理

1. 离散时间系统的因果性和稳定性

1) 因果系统。由理论分析可知，在时域中，一个离散时间系统满足因果性的充分必要条件是

$$h(n)=0, \quad n<0$$

即系统的冲激响应必须是右序列。

在变换域中，则要求极点只能在 Z 平面上一个以原点为中心的有界的圆内。如果系统函数是一个多项式，则分母上 z 的最高次数应大于分子上 z 的最高次数。

2) 稳定系统。在时域中，离散时间系统稳定的充分必要条件是它的冲激响应绝对可加，即

$$\sum_{n=0}^{\infty} |h(n)| < \infty$$

而在变换域中，则要求所有极点必须在 Z 平面上以原点为中心的单位圆内。

3) 因果稳定系统。由综合系统的因果性和稳定性两方面的要求可知，一个因果稳定系统的充分必要条件是系统函数的全部极点必须在 Z 平面上以原点为中心的单位圆内。

在讨论系统稳定性问题时，往往采用系统的零-极点增益模型比较方便。系统零-极点增益模型如下：

$$H(z) = k \frac{(z-q_1)(z-q_2)\cdots(z-q_M)}{(z-p_1)(z-p_2)\cdots(z-p_N)}$$

2. 系统极点的位置对系统冲激响应的影响

系统极点的位置对系统的冲激响应有着非常明显的影响。下面举例说明系统的极点分别是实数和复数时的情况，使用 MATLAB 提供的子函数 zplane( )制零极点分布图并进行分析。

【例3-63】 分析Z右半平面的实数极点对系统的冲激响应的影响。

已知系统的零-极点增益模型分别为

$$H_1(z)=\frac{z}{z-0.85}, \quad H_2(z)=\frac{z}{z-1}, \quad H_3(z)=\frac{z}{z-1.5}$$

绘制这些系统的零极点分布图和系统的冲激响应图,并判断系统的稳定性。

解：根据上述公式写出zpk形式的列向量,绘制系统的零极点分布图和系统的冲激响应图的程序如下,运行结果如图3-76所示。

```
%Z右半平面的实数极点对系统冲激响应的影响
z1=[0]';p1=[0.85]';k=1;
[b1,a1]=zp2tf(z1,p1,k);
subplot(3,2,1),zplane(z1,p1);
ylabel('极点在单位圆内');
subplot(3,2,2),impz(b1,a1,20);
z2=[0]';p2=[1]';
[b2,a2]=zp2tf(z2,p2,k);
subplot(3,2,3),zplane(z2,p2);
ylabel('极点在单位圆上');
subplot(3,2,4),impz(b2,a2,20);
z3=[0]';p3=[1.5]';
[b3,a3]=zp2tf(z3,p3,k);
subplot(3,2,5),zplane(z3,p3);
ylabel('极点在单位圆外');
subplot(3,2,6),impz(b3,a3,20);
```

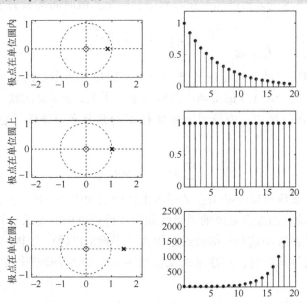

图3-76 处于Z右半平面的实数极点对系统冲激响应的影响

由图3-76可知,这3个系统的极点均为实数且处于Z平面的右半平面。当极点处于单位圆内时,系统的冲激响应曲线随频率的增大而收敛;当极点处于单位圆上时,系统的冲激响应曲线为等幅曲线;当极点处于单位圆外时,系统的冲激响应曲线随频率的增大而发散。

【例 3-64】 分析 Z 左半平面的实数极点对系统冲激响应的影响。

已知系统的零-极点增益模型分别为

$$H_1(z) = \frac{z}{z+0.85}, \quad H_2(z) = \frac{z}{z+1}, \quad H_3(z) = \frac{z}{z+1.5}$$

绘制这些系统的零极点分布图和系统的冲激响应图,并判断系统的稳定性。

解:根据上述公式写出 zpk 形式的列向量,绘制系统的零极点分布图和系统的冲激响应图的程序如下,运行结果如图 3-77 所示。

```
%Z 左半平面的实数极点对系统冲激响应的影响
z1=[0]';p1=[-0.85]';k=1;
[b1,a1]=zp2tf(z1,p1,k);
subplot(3,2,1),zplane(z1,p1);
ylabel('极点在单位圆内');
subplot(3,2,2),impz(b1,a1,20);
z2=[0]';p2=[-1]';
[b2,a2]=zp2tf(z2,p2,k);
subplot(3,2,3),zplane(z2,p2);
ylabel('极点在单位圆上');
subplot(3,2,4),impz(b2,a2,20);
z3=[0]';p3=[-1.5]';
[b3,a3]=zp2tf(z3,p3,k);
subplot(3,2,5),zplane(b3,a3);
ylabel('极点在单位圆外');
subplot(3,2,6),impz(b3,a3,20);
```

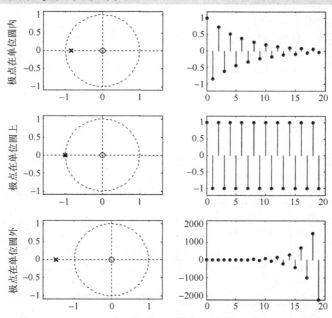

图 3-77 处于 Z 左半平面的实数极点对系统冲激响应的影响

由图 3-77 可知,这 3 个系统的极点均为实数且处于 Z 平面的左半平面。当极点处于单位圆内时,系统的冲激响应曲线随频率的增大而收敛;当极点处于单位圆上时,系统的冲激响应曲线为等幅振荡曲线;当极点处于单位圆外时,系统的冲激响应曲线随频率的增大而发散。

【**例 3-65**】分析 Z 右半平面的复数极点对系统冲激响应的影响。

已知系统的零-极点增益模型分别为

$$H_1(z) = \frac{z(z-0.3)}{(z-0.5-0.7j)(z-0.5+0.7j)}$$

$$H_2(z) = \frac{z(z-0.3)}{(z-0.6-0.8j)(z-0.6+0.8j)}$$

$$H_3(z) = \frac{z(z-0.3)}{(z-1-j)(z-1+j)}$$

绘制这些系统的零极点分布图和系统的冲激响应图,并判断系统的稳定性。

解:根据上述公式写出 zpk 形式的列向量,绘制系统的零极点分布图和系统的冲激响应图的程序如下,运行结果如图 3-78 所示。

```
%Z 右半平面的复数极点对系统冲激响应的影响
z1=[0,0.3]';p1=[0.5+0.7j,0.5-0.7j]';k=1;
[b1,a1]=zp2tf(z1,p1,k);
subplot(3,2,1),zplane(b1,a1);
ylabel('极点在单位圆内');
subplot(3,2,2),impz(b1,a1,20);
z2=[0.3,0]';p2=[0.6+0.8j,0.6-0.8j]';
[b2,a2]=zp2tf(z2,p2,k);
subplot(3,2,3),zplane(b2,a2);
ylabel('极点在单位圆上');
subplot(3,2,4),impz(b2,a2,20);
z3=[0.3,0]';p3=[1+j,1-j]';
[b3,a3]=zp2tf(z3,p3,k);
subplot(3,2,5),zplane(b3,a3);
ylabel('极点在单位圆外');
subplot(3,2,6),impz(b3,a3,20);
```

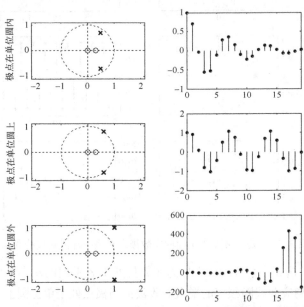

图 3-78 处于 Z 右半平面的复数极点对系统冲激响应的影响

由图 3-78 可知,这 3 个系统的极点均为复数且处于 Z 平面的右半平面。当极点处于单位圆内时,系统的冲激响应曲线随频率的增大而收敛;当极点处于单位圆上时,系统的冲激响应曲线为等幅振荡曲线;当极点处于单位圆外时,系统的冲激响应曲线随频率的增大而发散。

由系统的极点分别为实数和复数的情况分析可以得到结论:只有在极点处于单位圆内,系统才是稳定的。

3. 系统的因果稳定性实例分析

MATLAB 提供的子函数 roots( ) 可用于求多项式的根。配合使用子函数 zplane( ) 绘制零极点分布图,有助于进行系统因果稳定性的分析。

【例 3-66】已知离散时间系统的系统函数为

$$H(z) = \frac{z-1}{z^2 - 2.5z + 1}$$

求该系统的零极点的值并绘制零极点分布图和系统的冲激响应图,然后判断系统的因果稳定性。

解:题干给出的系统函数是按 z 降幂排列的。相应的 MATLAB 程序如下。

```
b=[0,1,-1];a=[1,-2.5,1];
rz=roots(b)              %求系统的零点
rp=roots(a)              %求系统的极点
%绘制系统的零极点分布图和冲激响应图
subplot(1,2,1),zplane(b,a);
title('系统的零极点分布图');
subplot(1,2,2),impz(b,a,20);
title('系统的冲激响应');
xlabel('n');ylabel('h(n)');
```

程序运行结果如下,零极点分布图如图 3-79 所示,系统的冲激响应如图 3-80 所示。

```
rz =
    1
rp =
    2.0000
    0.5000
```

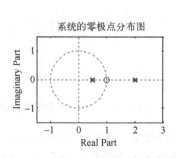

图 3-79 例 3-66 的零极点分布图

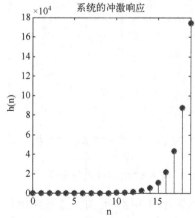

图 3-80 例 3-66 系统的冲激响应

由运行结果和图 3-79 可知，该系统的一个极点 $rp_1=2$ 在单位圆外；由图 3-80 可知，该系统的冲激响应曲线随 n 的增大而发散。因此，该系统不是因果稳定系统。

【例 3-67】 已知离散时间系统的系统函数为

$$H(z)=\frac{0.2+0.1z^{-1}+0.3z^{-2}+0.1z^{-3}+0.2z^{-4}}{1-1.1z^{-1}+1.5z^{-2}-0.7z^{-3}+0.3z^{-4}}$$

求该系统的零极点的值，并绘制零极点分布图和系统的冲激响应图，然后判断系统的因果稳定性。

解：相应的 MATLAB 程序如下。

```
b=[0.2,0.1,0.3,0.1,0.2];
a=[1,-1.1,1.5,-0.7,0.3];
rz=roots(b)
rp=roots(a)
subplot(1,2,1),zplane(b,a);
title('系统的零极点分布图');
subplot(1,2,2),impz(b,a,20);
title('系统的冲激响应');
xlabel('n');ylabel('h(n)');
```

程序运行结果如下，零极点分布图如图 3-81 所示，系统的冲激响应如图 3-82 所示。

```
rz =
    -0.5000 + 0.8660i
    -0.5000 - 0.8660i
     0.2500 + 0.9682i
     0.2500 - 0.9682i
rp =
     0.2367 + 0.8915i
     0.2367 - 0.8915i
     0.3133 + 0.5045i
     0.3133 - 0.5045i
```

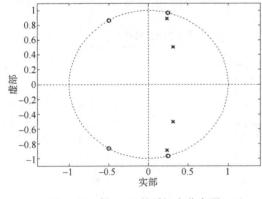

图 3-81 例 3-67 的零极点分布图

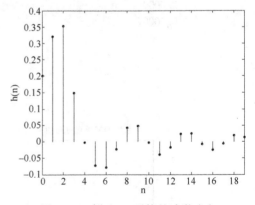

图 3-82 例 3-67 系统的冲激响应

由运行结果和图 3-81 可知，该系统的所有极点均在单位圆内；由图 3-82 可知，该系统的冲激响应曲线随 n 的增大而收敛。因此，该系统是一个因果稳定系统。

3.13.4 实验准备

1）认真阅读实验原理，明确本次实验任务，理解相关函数和例题程序，了解实验方法。

2）根据实验任务（见3.13.5节）要求运行或编写实验程序。

3）思考题：

① 因果稳定的离散系统必须满足的充分必要条件是什么？

② MATLAB 提供了哪些进行零极点求解的子函数？如何使用它们？

3.13.5 实验任务

1）运行实验原理中介绍的例题程序，理解每一条语句的含义，观察程序输出结果，分析零极点对系统特性的影响。

2）已知系统的零-极点增益模型分别为

$$H_1(z) = \frac{z-0.3}{(z+0.5-0.7j)(z+0.5+0.7j)}$$

$$H_2(z) = \frac{z-0.3}{(z+0.6-0.8j)(z+0.6+0.8j)}$$

$$H_3(z) = \frac{z-0.3}{(z+1-j)(z+1+j)}$$

绘制这些系统的零极点分布图和系统的冲激响应图，并判断系统的稳定性。

3）已知离散时间系统的系统函数分别为

$$H_1(z) = 5\frac{(z-1)(z+3)}{(z-2)(z+4)}$$

$$H_2(z) = \frac{4-1.6z^{-1}-1.6z^{-2}+4z^{-3}}{1+0.4z^{-1}+0.35z^{-2}-0.4z^{-3}}$$

$$H_3(z) = \frac{2}{1-z^{-1}} - \frac{1}{1-0.5z^{-1}} + \frac{1}{1+0.5z^{-1}}$$

求这些系统的零极点的值并绘制零极点分布图和冲激响应图，然后判断系统的因果稳定性。

3.13.6 实验报告

1）列写调试通过的实验程序及运行结果。

2）回答实验准备中的思考题。

3）回答下列思考题：

离散系统的系统函数零极点的位置与系统的冲激响应有何关系？

第4章 信号与系统基本操作实验

4.1 连续时间信号的测量

4.1.1 实验目的

1）了解常用的连续时间信号。
2）学习和掌握连续时间信号的基本测量方法。

4.1.2 实验原理

1. 常用的连续时间信号

1）单位冲激信号：$\begin{cases} \int_{-\infty}^{\infty} \delta(t) \mathrm{d}t = 1 \\ \delta(t) = 0, \quad t \neq 0 \end{cases}$

2）单位阶跃信号：$u(t) = \begin{cases} 0, & t<0 \\ 1, & t \geq 0 \end{cases}$

3）单位斜坡信号：$R(t) = \begin{cases} 0, & t<0 \\ t, & t \geq 0 \end{cases}$

4）指数信号：$f(t) = ke^{at}$，a 为实数

5）复指数信号：$f(t) = ke^{st}$，$s = \sigma + j\omega$

6）正弦信号：$f(t) = k\sin(\omega t + \theta)$

7）抽样函数信号：$\mathrm{Sa}(t) = \dfrac{\sin t}{t}$

8）钟形信号：$f(t) = E e^{-(t/\tau)^2}$

常用的连续时间信号还包括周期性的矩形信号、锯齿波信号、三角波信号等。

2. 连续时间信号的基本测量方法

在实际操作中，非周期性信号的波形一般很难用传统的电子仪器来产生。因而，对于传统的操作实验，主要研究对象是周期性信号的波形。

反映一个周期性连续时间信号特点的物理量有波形、振幅、周期、频率、相位等。可以用示波器进行周期性连续时间信号的观察和测量，用频率计测量信号的频率和周期。周期性连续时间信号的测量电路如图4-1所示。

图 4-1 周期性连续时间信号的测量电路

4.1.3 实验准备

1) 了解函数信号发生器、双踪示波器和频率计的使用方法。
2) 熟悉各种信号的波形,了解信号的主要物理量及其测量方法。
3) 思考题:
① 信号的有效值、振幅和峰峰值之间满足什么关系?
② 信号的周期和频率有何关系?

4.1.4 实验器材

1) 函数信号发生器:一台。
2) 双踪示波器:一台。
3) 频率计:一台。

4.1.5 实验任务

1. 测量正弦信号

按照图 4-1 所示的测量电路,函数信号发生器按表 4-1 输出频率和电压振幅为一定值的正弦信号。双踪示波器可用于观察正弦交流电压的波形,测量其峰峰值、周期和频率。频率计可用于测量信号的频率,我们可将测量结果填入表 4-1 中。

表 4-1 测量正弦信号

仪器	函数信号发生器		双踪示波器						频率计
测量项目	电压	频率	电压			周期			频率
	U_m	f	V/DIV	H	U_{p-p}	s/DIV	D	T	f
测量值 1	0.6 V	1 kHz							
测量值 2	1.5 V	12.5 kHz							

表 4-1 中,V/DIV 表示双踪示波器的 Y 轴(电压)灵敏度,H 为波形峰峰值所占的格数,s/DIV 表示双踪示波器的 X 轴扫描速率,D 为波形一个周期所占的格数。

2. 调整矩形信号

按照图 4-1 连接电路,将函数信号发生器的输出信号调整为矩形信号。按照图 4-2 所示的波形调整好函数信号发生器的输出频率和电压振幅。

仔细调节函数信号发生器的"波形对称性"(或脉冲占空比)调节控制件,使双踪示波器上波形的脉冲宽度 τ 与周期 T 的比值为 1:4。

测量表 4-2 中的有关数据,并做好记录。

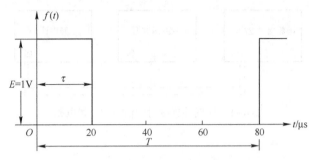

图 4-2 一个周期性矩形信号

表 4-2 调整矩形信号

仪器	函数信号发生器		双踪示波器						频率计
测量项目	电压	频率	电压		周期		脉冲宽度		频率
	U	f	V/DIV	H	E	s/DIV	D	T	d	τ	f
测量值					1 V			80 μs		20 μs	

3. 观察锯齿波信号和三角波信号

1) 将函数信号发生器的输出信号调整为锯齿波信号,使函数信号发生器的输出频率为 10 kHz,电压振幅为 2 V。在如图 4-3 所示的坐标系中描绘观察到的信号的一个周期的波形,试写出该波形的数学表达式。

2) 仔细调节函数信号发生器的"波形对称性"调节控制件,使双踪示波器上的波形由锯齿波信号转换为三角波信号。在如图 4-3 所示的坐标系中描绘观察到的信号的一个周期的波形,试写出该波形的数学表达式。

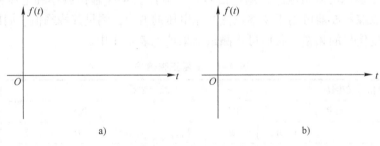

图 4-3 描绘观察到的信号
a) 锯齿波信号 b) 三角波信号

4. 观察单脉冲信号

将函数信号发生器的单脉冲信号作为被测量信号,用示波器观察其波形。此时,示波器的 X 轴扫描速率应放置在范围为 20 ms/DIV ~ 0.2 s/DIV 的挡位上。由观察到的信号,分析单脉冲信号与周期性脉冲信号的关系。

4.1.6 实验要求与注意事项

为了提高测量的准确度,连接测量电路时应尽量将函数信号发生器、双踪示波器、频率计等实验仪器的接地端接在一起,以减少仪器之间的相互影响。

4.1.7 实验报告

1) 完成"测量正弦信号"和"调整矩形脉冲信号"实验任务，并填写表 4-1、表 4-2。
2) 描绘锯齿波信号、三角波信号的波形，并列写对应波形的数学表达式。
3) 简述单脉冲信号与周期性脉冲信号的关系。
4) 回答"实验准备"中的思考题。

4.2 信号的频谱测量

4.2.1 实验目的

1) 了解信号的频谱测量的基本原理，学习使用频谱测量的有关仪器。
2) 掌握周期性正弦信号、锯齿波信号、三角波信号和矩形脉冲信号的振幅频谱的测量方法。
3) 研究周期性矩形脉冲信号，分析该类信号的脉冲宽度、周期对频谱特性的影响，加深对周期性信号频谱特点的理解。

4.2.2 实验原理

1. 信号的频谱

信号的时域特性和频域特性是信号的两种不同描述方式，它们之间具有对应关系。当波形反映信号振幅随时间变化的特性时，采用信号的时域分析方法；当需要讨论信号的振幅或相位与频率的关系时，则采用信号的频域分析方法。

对于一个周期性信号 $f(t)$，只要满足狄利克雷（Dirichlet）条件，就可以将它展开成三角函数形式或指数函数形式的傅里叶级数。例如，对于一个周期为 T 的时域周期性信号 $f(t)$，可以用三角函数形式的傅里叶级数求出它的各次分量，在区间 (t_1, t_1+T) 内表示为

$$f(t) = a_0 + \sum_{n=1}^{\infty} [a_n \cos(n\omega t) + b_n \sin(n\omega t)]$$

即将信号分解成直流分量以及许多余弦分量和正弦分量，研究其频谱分布情况。

信号的时域特性与频域特性之间有着密切的内在联系，这种联系可以用图 4-4 来表示。其中，图 4-4a 是信号在振幅—时间—频率三维坐标系中的图形；图 4-4b 是信号在振幅—时间坐标系中的图形，即波形图；图 4-4c 是信号在振幅—频率坐标系中的图形，即振幅频谱图。

信号的波形和振幅频谱的对应关系并非是唯一的。对于具有相同频率和振幅的各频率分量（即振幅频谱是相同的），由于初相不同，因此可以合成不同的波形，如图 4-5 所示。在研究信号的频域特性时，相位对系统的影响是不可忽视的。

2. 信号振幅频谱的测量方法

把周期性信号分解得到的各次谐波分量按频率的高低排列，就可以得到频谱图。从频谱图上，可以直观地看出各频率分量所占的比例。反映各频率分量振幅的频谱称为振幅频谱，

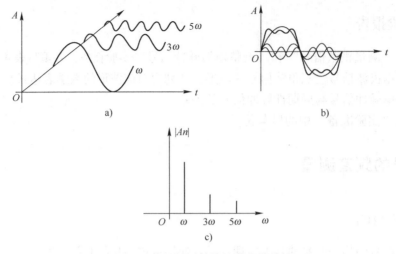

图 4-4 信号的时域特性和频域特性

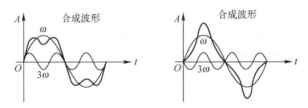

图 4-5 初相不同时,合成的波形不同

反映各分量相位的频谱称为相位频谱。本实验主要研究信号的振幅频谱。

周期性信号的振幅频谱有 3 个性质:离散性、谐波性和收敛性。测量时,可以利用这些性质寻找被测频率点,分析测量结果。

振幅频谱的测量方法有同时分析法和顺序分析法。

1) 同时分析法的基本工作原理是利用多个滤波器,把它们的中心频率分别调到被测信号的各个频率分量上,如图 4-6 所示。当被测信号同时加到所有滤波器上时,中心频率与信号所包含的某次谐波分量频率一致的滤波器便有信号输出。这样,在被测信号发生的实际时间内,可以同时测得信号所包含的各频率分量。多通道滤波式频谱分析仪采用同时分析法。

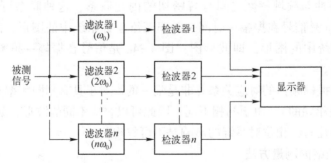

图 4-6 用同时分析法进行频谱分析的原理图

2) 顺序分析法只使用一个滤波器,如图 4-7 所示,滤波器的中心频率是可调的。测量时,依次将滤波器的中心频率调到被测信号的各次谐波频率上,滤波器便可依次测出被测信号的各次谐波。由于需要通过多次取样过程才能完成整个频谱的测试,因此这种方法只能用于对周期性信号频谱的测量。采用顺序分析法的测量仪器主要有选频电平表。

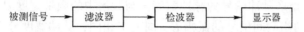

图 4-7 用顺序分析法进行频谱分析的原理图

3. 周期性正弦信号及其频谱

周期性正弦信号表示为

$$f(t) = V_m \sin(\omega t + \varphi)$$

由此可见,周期性正弦信号是只含有单一频率的信号,因此,其振幅频谱为一条竖线。

4. 周期性锯齿波信号及其频谱

周期性锯齿波信号的波形如图 4-8 所示。它的傅里叶级数可表示为

$$f(t) = \frac{E}{\pi}\left[\sin(\omega_1 t) - \frac{1}{2}\sin(2\omega_1 t) + \frac{1}{3}\sin(3\omega_1 t) + \cdots + \frac{(-1)^{n+1}}{n}\sin(n\omega_1 t) + \cdots\right], \quad n=1,2,3,\cdots$$

由上式可知,其振幅频谱包含所有 n 次频率的谐波。

5. 周期性三角波信号及其频谱

周期性三角波信号的波形如图 4-9 所示。

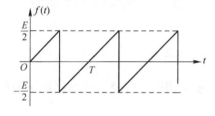
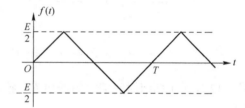

图 4-8 周期性锯齿波信号　　　　图 4-9 周期性三角波信号

它的傅里叶级数可表示为

$$f(t) = \frac{4E}{\pi^2}\left[\cos(\omega_1 t) + \frac{1}{3^2}\cos(3\omega_1 t) + \frac{1}{5^2}\cos(5\omega_1 t) + \cdots + \frac{1}{n^2}\cos(n\omega_1 t) + \cdots\right], \quad n=1,3,5,\cdots$$

由上式可知,其振幅频谱只包含奇次谐波的频率分量。

6. 周期性矩形脉冲信号及其频谱

一个振幅为 E、脉冲宽度为 τ、重复周期为 T 的矩形脉冲信号如图 4-10 所示。

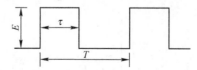

图 4-10 矩形脉冲信号的时域波形

其傅里叶级数为

$$f(t) = \frac{E\tau}{T} + \frac{2E\tau}{T}\sum_{n=1}^{\infty}\text{Sa}\left(\frac{n\pi\tau}{T}\right)\cos(n\omega t) = \frac{E\tau}{T} + \frac{2E\tau}{T}\sum_{n=1}^{\infty}\frac{\sin(n\pi\tau/T)}{n\pi\tau/T}\cos(n\omega t)$$

由此可见，矩形脉冲信号的频谱为离散谱，信号第 n 次谐波的振幅为

$$a_n = \frac{2E\tau}{T}\text{Sa}\left(\frac{n\pi\tau}{T}\right), \quad n=1,2,3,\cdots$$

其振幅的大小与 E、τ 成正比，与 T 成反比；矩形脉冲信号的周期 T 决定了频谱中两条谱线的间隔 $f=1/T$；矩形脉冲信号的脉冲宽度 τ 与频谱中的频带宽度 B_f 成反比。

图 4-11 展示了两组时间信号的振幅 E、周期 T 相同，脉冲宽度分别为 $\tau=T/2$ 和 $\tau=T/4$ 时的频谱分布情况。

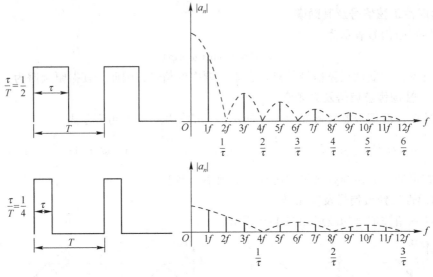

图 4-11　保持 E、T 相同，改变 τ

图 4-12 展示了两组时间信号的振幅 E、脉冲宽度 τ 相同，改变信号的周期 T 时的频谱分布情况。

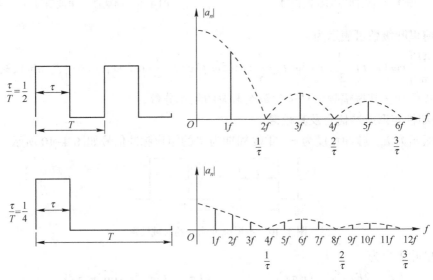

图 4-12　保持 E、τ 相同，改变 T

4.2.3 实验准备

1) 认真阅读实验原理部分,学习周期性正弦信号、三角波信号、锯齿波信号、矩形脉冲信号及其频谱特性的有关理论。
2) 了解函数信号发生器和选频电平表的使用方法。
3) 学习电压电平值的计算方法。

注意:用信号的傅里叶变换公式计算出的是基波和各次谐波的振幅,应先将它换算成电压有效值,再计算电压电平值。电压电平值的计算公式

$$p_U = 20\lg\left|\frac{U}{U_0}\right| = 20\lg\frac{|U|}{0.775}$$

式中,U 为信号各分量的电压有效值。

4) 学习矩形脉冲信号频谱分析的有关理论。

① 当周期性矩形脉冲信号的振幅 E 和周期 T 保持不变,而改变脉冲宽度 τ 时,了解对其振幅频谱有何影响;当 $E=1.2\text{ V}$,$T=100\text{ μs}$,τ/T 分别为 1/2、1/3 和 1/4 时,定性地预先画出振幅频谱。

② 当周期性矩形脉冲信号的振幅 E 和脉冲宽度 τ 保持不变,而改变周期 T 时,了解对其振幅频谱有何影响;当 $E=1.2\text{ V}$,$\tau=20\text{ μs}$,τ/T 分别为 1/2、1/3 和 1/4 时定性地预先画出振幅频谱。

5) 矩形脉冲信号第 n 次谐波的振幅计算公式

$$a_n = \frac{2E\tau}{T}\text{Sa}\left(\frac{n\pi\tau}{T}\right), \quad n=1,2,3,\cdots$$

4.2.4 实验设备

1) 函数信号发生器:一台。
2) 选频电平表:一台。
3) 双踪示波器:一台。
4) 频谱分析仪:一台。

4.2.5 实验任务

1. 正弦信号振幅频谱的测量

1) 按照图 4-13 连接函数信号发生器、选频电平表和双踪示波器,显示正确的时间信号。

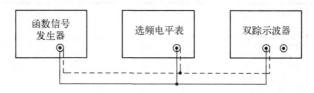

图 4-13 用选频电平表测量信号的振幅频谱的实验电路

在连接实验电路前，先对选频电平表进行校准。校准完毕后，将选频电平表预置在"选频测量""低失真""高阻抗"位置。

调整函数信号发生器使它输出正弦信号，频率 $f = 10\,\text{kHz}$。函数信号发生器的输出电压（振幅）预置为 2 V 左右。

从示波器上观察正弦信号的波形，并调节函数信号发生器上正弦信号的振幅输出，使正弦信号在示波器上显示的振幅为 $U_{pp} = 4\,\text{V}$，并记录此时函数信号发生器上的电压振幅。

2）用选频电平表进行正弦信号的频谱测量。将选频电平表的频率度盘调整到 $f = 10\,\text{kHz}$ 附近，缓慢转动度盘，使选频电平表指针偏转至最大，将读出的电压电平值记入表4-3。

表 4-3 正弦信号振幅频谱的测量数据

函数信号发生器		双踪示波器	选频电平表	
f/kHz	U_m/V	U_{pp}/V	P_U/dB	换算电压 U/V
10		4		

将所测电压电平值数据利用公式 $U = 0.775 \times 10^{P_U/20}$ 换算成电压有效值，与信号源输入的电压值进行比较。然后，在 1～100 kHz 的范围内调整选频电平表的频率，观察是否在其他频率点上存在电压电平。

3）用频谱分析仪观测正弦信号的频谱。将图 4-13 中的选频电平表换成频谱分析仪，调整频谱分析仪上有关控件，使它显示正弦信号的频谱。

将在频谱分析仪上观测到的正弦信号的频谱数据与选频电平表测量结果进行比较。

2. 锯齿波信号振幅频谱的测量

1）调整并显示正确的时间信号。按照图 4-13 连接实验电路。将函数信号发生器输出波形转换成锯齿波，调整输出频率 $f = 10\,\text{kHz}$。函数信号发生器的输出电压（振幅）预置为 1.5 V 左右。

调整函数信号发生器上有关波形左右对称的控件（如"脉冲宽度""占空比""对称性"等），使示波器上显示的波形如图 4-8 所示。

从示波器上观察锯齿波信号的波形，并调节函数信号发生器上锯齿波信号的振幅输出，使信号在示波器上显示的振幅为 $U_{pp} = 3\,\text{V}$。

2）用选频电平表进行各次谐波的测量。先将选频电平表的频率度盘调整到 $f = 10\,\text{kHz}$ 附近，缓慢转动度盘，使选频电平表指针偏转至最大，将读出的电压电平值记入表4-4。

然后，将选频电平表的频率度盘依序调整到 10 kHz 的 n ($n = 2, \cdots, 10$) 倍附近，缓慢转动度盘，使选频电平表指针偏转至最大，将读出的电压电平值记入表4-4。

表 4-4 锯齿波信号振幅频谱的测量数据

选频电平表频率/kHz		$1f$	$2f$	$3f$	$4f$	$5f$	$6f$	$7f$	$8f$	$9f$	$10f$
理论值	电压有效值/mV										
	电压电平值/dB										
测量值	电压电平值/dB										
	电压有效值/mV										

3) 绘制信号的振幅频谱图。根据公式 $U=0.775\times10^{Pv/20}$，将测出的电压电平值换算成电压有效值，记入表 4-4。根据计算出的信号各分量电压的有效值，绘制信号的振幅频谱图。

4) 用频谱分析仪观测锯齿波信号的频谱。将图 4-13 中的选频电平表换成频谱分析仪，调整频谱分析仪上有关控件，使它显示锯齿波信号的频谱。

将在频谱分析仪上观测到的锯齿波信号的频谱数据与选频电平表测量结果进行比较。

3. 三角波信号振幅频谱的测量

1) 调整并显示正确的时间信号。按照图 4-13 连接实验电路。将函数信号发生器输出波形转换成三角波，调整输出频率 $f=5\,\text{kHz}$。函数信号发生器的输出电压（振幅）预置为 2 V 左右。

调整函数信号发生器上有关波形左右对称的控件（如"脉冲宽度""对称性"等），使示波器上显示的波形如图 4-9 所示。

从示波器上观察三角波信号的波形，并调节函数信号发生器上三角波信号的振幅输出，使信号在示波器上显示的振幅为 $U_{pp}=4\,\text{V}$。

2) 用选频电平表进行各次谐波的测量。先将选频电平表的频率度盘调整到 $f=5\,\text{kHz}$ 附近，再缓慢转动度盘，使选频电平表指针偏转至最大，将读出的电压电平值记入表 4-5。

表 4-5　三角波信号振幅频谱的测量数据

选频电平表频率/kHz		1f	2f	3f	4f	5f	6f	7f	8f	9f	10f
理论值	电压有效值/mV										
	电压电平值/dB										
测量值	电压电平值/dB										
	电压有效值/mV										

然后，将选频电平表的频率度盘依序调整到 5 kHz 的 n（$n=2,\cdots,10$）倍附近，缓慢转动度盘，使选频电平表指针偏转至最大，将读出的电压电平值记入表 4-5。

注意：当 n 为偶数时，其电压理论值为 0，则对应的电压电平值为 $-\infty$，实际测量值一般达不到理想的情况。在这些频率点上，测量时应预先将选频电平表的"电平调节"向"－"（负）方向调节，如预置为 $-30\,\text{dB}$ 挡。读数时，调整选频电平表，使指针指示在 $-10\sim0\,\text{dB}$ 之间。测完这一点后，应将"电平调节"向"＋"（正）方向调节，以防测量下一奇数点时电压电平值较高，引起选频电平表指针偏转过大问题。

3) 绘制信号的振幅频谱图。根据公式 $U=0.775\times10^{Pv/20}$，将测出的电压电平值换算成电压有效值，并记入表 4-5 中。根据计算出的信号各分量电压有效值，绘制三角波信号的振幅频谱图。

4) 用频谱分析仪观测三角波信号的频谱。将图 4-13 中的选频电平表换成频谱分析仪，调整频谱分析仪上有关控件，使它显示三角波信号的频谱。

将在频谱分析仪上观测到的三角波信号的频谱数据与选频电平表测量结果进行比较。

4. 矩形脉冲信号振幅频谱的测量

（1）连接实验电路，初步调整波形

将函数信号发生器与选频电平表、双踪示波器按图 4-13 连接在一起。

从示波器屏上观测矩形脉冲信号的振幅 E、周期 T、脉冲宽度 τ，并进行初步调整，使波形符合表 4-6 或表 4-8 中列出的有关要求。其中，振幅 E 以示波器观测为准；周期 T 以信号源输出频率 f 为准；脉冲宽度 τ 的数值以示波器上观测的波形为参考，可微调函数信号发生器上的有关波形左右对称的控件（如"对称性""脉冲宽度""占空比"等）。

注意：脉冲宽度 τ 在示波器上的观测波形只能作为参考，这是因为示波器的分辨率和操作者的观察角度都会影响脉冲宽度调整的准确程度。而本实验对脉冲宽度 τ（或 τ/T）的要求较高，因而从示波器上观测到的脉冲宽度 τ 及 τ/T 值只能作为参考，最终将以选频电平表上测得的有关数据为准。

（2）用选频电平表进一步校正矩形脉冲信号的 τ/T 值

根据相关理论可知，在矩形脉冲信号 n/τ 点处，理论振幅为 0。把振幅为 0 的频率分量称为 0 分量频率点。对于这些振幅为 0 的谐波分量，其理论电平值为 $-\infty$。

例如，矩形脉冲信号的频率 $f=1/T=10\,\text{kHz}$，当矩形脉冲信号的 $\tau/T=1/2$ 时，对于 $1/\tau$ 点，即 20 kHz 的频率分量，其理论振幅为 0，其理论电平值为 $-\infty$。在实际测量中，由于各种因素的影响，0 分量频率点的电平值往往不为 $-\infty$，特别是波形的 τ/T 值调整得不准确时，其电平值的误差将很大。

为了减小测量误差，可用测量 0 分量频率点电平值的方法来判断其脉冲宽度 τ 和 τ/T 值的准确度。通常，当 0 分量频率点的电平值小于 $-45\,\text{dB}$ 时，就认为脉冲宽度 τ 与周期 T 的比值基本符合要求了；否则，应重新细调函数信号发生器上的有关波形左右对称的控件，使之符合要求。

调节的具体步骤如下（以 $\tau/T=1/2$，$T=100\,\mu\text{s}$ 为例）。

1）将选频电平表的电平调节开关置为"$-20\,\text{dB}$"或"$-30\,\text{dB}$"挡。

2）在 0 分量频率（如 20 kHz）刻度附近细调选频电平表的频率度盘，使选频电平表电平指针向右偏转至最大位置，读出电平值。若此时电平值小于 $-45\,\text{dB}$，则说明 τ/T 值基本准确，可进行第 3）步；若不符合此要求，则需要继续调节。

3）缓慢调节函数信号发生器上的"脉冲宽度"或"对称性"旋钮，使 0 分量频率点的电平指针向 $-\infty$ 方向偏转，同时要求示波器上的波形的 τ/T 值无明显变化。当 0 分量频率的电平值小于 $-45\,\text{dB}$ 时，调整完成。

（3）依次选测各频率分量

调节选频电平表的频率度盘，依次选测 f、$2f$、$3f$ 等各频率成分，测量数据记入表 4-7（或表 4-9）。

在选测各频率分量时，要特别注意以下问题。

1）需要在被测频率刻度的附近细调选频电平表的频率度盘，使选频电平表的指针向右偏转至最大。此时，选频电平表的频率度盘的指针指示与信号源的频率指示可能有一定的误差。

2）用选频电平表测量电平值时，应适当调节"电平调节"开关，使选频电平表指针落在 $-10\sim0\,\text{dB}$ 之间，以减小误差。

在完成一项测量之后,按表 4-6(或表 4-8)中的要求,改变 τ(或 T)的大小,重复上述第 1)~3)步。

5. 分析改变脉冲宽度和周期对信号频谱的影响

(1) 分析改变脉冲宽度 τ 对信号频谱的影响

保持矩形脉冲信号的振幅 E 和周期 T 不变,改变信号的脉冲宽度 τ,测量不同 τ 时信号频谱中各分量的大小。

按表 4-6 中的实验项目计算有关数据,按上述介绍的实验步骤调整各波形,将测得的信号频谱中各分量的数据记入表 4-7。

表 4-6 实验项目

项目	$T/\mu s$	$f=\frac{1}{T}$/kHz	$\frac{\tau}{T}$	$\tau/\mu s$	$B_f=\frac{1}{\tau}$/kHz	E/V
1	100		1/2			1.2
2	100		1/3			1.2
3	100		1/4			1.2

表 4-7 测试数据

$f=$		$T=$			$\frac{\tau}{T}=\frac{1}{2}$			$\tau=$			$B_f=$	
选频电平表频率/kHz		10	20	30	40	50	60	70	80	90	100	110	120
理论值	电压有效值/mV												
	电压电平值/dB												
测量值	电压电平值/dB												
	电压有效值/mV												

$f=$		$T=$			$\frac{\tau}{T}=\frac{1}{3}$			$\tau=$			$B_f=$	
选频电平表频率/kHz		10	20	30	40	50	60	70	80	90	100	110	120
理论值	电压有效值/mV												
	电压电平值/dB												
测量值	电压电平值/dB												
	电压有效值/mV												

$f=$		$T=$			$\frac{\tau}{T}=\frac{1}{4}$			$\tau=$			$B_f=$	
选频电平表频率/kHz		10	20	30	40	50	60	70	80	90	100	110	120
理论值	电压有效值/mV												
	电压电平值/dB												
测量值	电压电平值/dB												
	电压有效值/mV												

(2) 分析改变信号周期 T 对信号的频谱的影响

保持矩形脉冲信号的振幅 E 和脉冲宽度 τ 不变,改变信号周期 T,测量不同 T 时信号频谱中各分量的大小。

按表 4-8 中的实验项目计算有关数据，按上述介绍的实验步骤调整各波形，将测得的信号频谱中各分量的数据记入表 4-9。

表 4-8 实验项目

项目	$\tau/\mu s$	$B_f=\dfrac{1}{\tau}$/kHz	$\dfrac{\tau}{T}$	$T/\mu s$	$f=\dfrac{1}{T}$/kHz	E/V
1	20		1/2			1.2
2	20		1/3			1.2
3	20		1/4			1.2

表 4-9 测试数据

$\tau=$		$B_f=\dfrac{1}{\tau}=$		$\dfrac{\tau}{T}=\dfrac{1}{2}$		$T=$			$f=\dfrac{1}{T}=$	
选频电平表频率/kHz		1f	2f	3f	4f	5f	6f	7f	8f	
理论值	电压有效值/mV									
	电压电平值/dB									
测量值	电压电平值/dB									
	电压有效值/mV									

$\tau=$		$B_f=\dfrac{1}{\tau}=$		$\dfrac{\tau}{T}=\dfrac{1}{3}$		$T=$			$f=\dfrac{1}{T}=$	
选频电平表频率/kHz		1f	2f	3f	4f	5f	6f	7f	8f	
理论值	电压有效值/mV									
	电压电平值/dB									
测量值	电压电平值/dB									
	电压有效值/mV									

$\tau=$		$B_f=\dfrac{1}{\tau}=$		$\dfrac{\tau}{T}=\dfrac{1}{4}$		$T=$			$f=\dfrac{1}{T}=$	
选频电平表频率/kHz		1f	2f	3f	4f	5f	6f	7f	8f	
理论值	电压有效值/mV									
	电压电平值/dB									
测量值	电压电平值/dB									
	电压有效值/mV									

4.2.6 实验要求与注意事项

1）本实验中信号的频率以函数信号发生器为准，信号的电压振幅以示波器的测量值为准。

2) 在通过选频电平表选测信号分量时,必须在被测频率的附近细致调节,使电压值最大,此时,选频电平表的频率读数可能与函数信号发生器有一定的误差。

3) 在测量锯齿波信号时,由于信号时域波形一般误差较大,因此频谱实际测量值与理论值也有一定的误差。

4) 在测量三角波信号的频谱时,n 为偶数,其电压理论值为 0,对应的电平值为 $-\infty$。但实际测量值一般达不到理想的情况,会有一微弱电压。

5) 在测量矩形脉冲信号时,要关注 τ(或 T)的大小及比值的改变对信号频谱的影响,同时,频谱实际测量值与理论值也有一定的误差。

4.2.7 实验报告

1) 填写表 4-3、表 4-4、表 4-5、表 4-7 和表 4-9 并在实验报告中列出。
2) 绘制各被测信号的振幅频谱图。
3) 回答下列思考题。
① 选频电平表与一般交流电压表在功能上有何不同?
② 当矩形脉冲信号的振幅 E 和周期 T 保持不变,而改变脉冲宽度 τ 时,信号的频谱有何特点和规律?
③ 当矩形脉冲信号的振幅 E 和脉冲宽度 τ 保持不变,而改变周期 T 时,信号的频谱有何特点和规律?
④ 信号的时域特性和频域特性有着一系列对应关系,通过以上矩形脉冲信号的频谱分析,可以体现哪些关系?

4.3 矩形信号的分解与合成

4.3.1 实验目的

1) 了解矩形信号的时域特性和谐波分量的构成。
2) 验证谐波的齐次性、离散性、收敛性。
3) 理解各次谐波在合成信号中的作用。
4) 观察矩形信号分解出的各次谐波分量通过叠加合成原矩形信号的过程。

4.3.2 实验原理

1. 利用同时分析法解析信号的频谱

同时分析法的基本原理是利用多个滤波器同时取出复杂信号中的各次谐波,滤波器的中心频率分别设置在各次谐波上。实验平台基于数字信号处理技术,在 FPGA(现场可编程门阵列)中同时设计了 8 个滤波器,如图 4-14 所示。

其中,1P01 输出的是基频信号,即基波;1P02 输出的是二次谐波;1P03 输出的是三次谐波,依次类推。

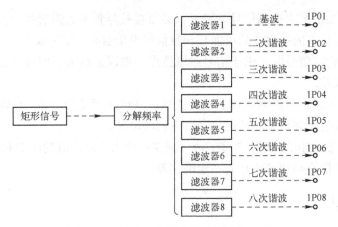

图 4-14　用同时分析法解析信号的频谱

2. 矩形信号的频谱

一个振幅为 E、脉冲宽度为 τ、周期为 T 的矩形信号如图 4-15 所示。

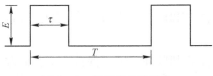

图 4-15　周期性矩形信号

其傅里叶级数为

$$f(t)=\frac{E\tau}{T}+\frac{2E\tau}{T}\sum_{i=1}^{n}\mathrm{Sa}\left(\frac{n\pi\tau}{T}\right)\cos n\omega t$$

该信号第 n 次谐波的振幅为

$$a_n=\frac{2E\tau}{T}\mathrm{Sa}\left(\frac{n\tau\pi}{T}\right)=\frac{2E\tau}{T}\frac{\sin(n\tau\pi/T)}{n\tau\pi/T}$$

由上式可知，第 n 次谐波的振幅与 E、T、τ 有关。

3. 信号的分解

对复杂信号进行分解（或谐波提取）是滤波系统的一项基本任务。当我们仅对信号的某些分量感兴趣时，可以利用选频滤波器，提取其中有用的部分，而将其他部分滤去。

目前，数字滤波器已基本取代了传统的模拟滤波器。与模拟滤波器相比，数字滤波器具有许多优点，如灵活性高、精度高、稳定性高、体积小、性能高和便于实现信号分解等。因此在这里选用数字滤波器来实现信号的分解。在实验平台的数字采集单元中，设计了 8 个滤波器（1 个低通滤波器、6 个带通滤波器、1 个高通滤波器），可以同时提取基波、二次谐波、…、八次谐波的频率分量。分解输出的 8 路信号可以用示波器观测，观测点分别是 1P01~1P08，如图 4-16 所示。

4. 信号的合成

8 路滤波器输出的各次谐波分量可通过一个信号合成器合成为原输入的矩形信号，合成后的波形可以用示波器在观测点进行观测，如图 4-16 所示。如果滤波器设计正确，则分解前的原始信号和合成后的信号应该相同。

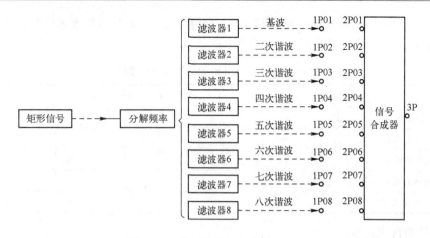

图 4-16 信号的分解与合成原理图

4.3.3 实验准备

1) 认真学习信号的分解与合成的基本理论知识,了解其实验方法。
2) 思考题如下。
① 矩形信号在哪些谐波分量上的振幅为 0? 试画出信号频率为 2 kHz 的矩形信号的频谱图(取最高频率点为十次谐波)。
② 要完整地恢复原始矩形信号,各次谐波振幅要成什么样的比例关系?

4.3.4 实验器材

1) 函数信号发生器:一台。
2) 选频电平表:一台。
3) 双踪示波器:一台。

4.3.5 实验任务

1. 信号的分解实验

1) 利用示波器,可分别在 1P01~1P08 观测点上观测信号各次谐波的波形。
2) 根据表 4-10、表 4-11 中给定的数值进行实验,并将实验数据填入表中。
① $\tau/T=1/2$:τ 的数值按要求调整,测得信号频谱中各分量的大小,其数据按表 4-10 的要求记录。

表 4-10 $\tau/T=1/2$ 时的矩形信号的频谱

		$f=4$ kHz,$T=4\times10^7$ μs,$\tau/T=1/2$,$\tau=2\times10^7$ μs,$E(V)=4U\text{pp}$							
谐波频率/kHz		$1f$	$2f$	$3f$	$4f$	$5f$	$6f$	$7f$	$8f$
理论值	电压有效值	1.41	0	0.474	0	0.28	0	0.20	
	电压峰峰值	4	0	4/3	0	4/5	0	4/7	
测量值	电压有效值								
	电压峰峰值								

② $\tau/T=1/4$：矩形信号的振幅 E 和频率 f 保持不变，τ 的数值按要求调整，测得信号频谱中各分量的大小，其数据按表 4-11 的要求记录。

表 4-11　$\tau/T=1/4$ 时的矩形信号的频谱

$f=4\text{ kHz}$, $T=4\times10^7\text{ μs}$, $\tau/T=1/4$, $\tau=1\times10^7\text{ μs}$, $E(\text{V})=4U_{pp}$

谐波频率/kHz		$1f$	$2f$	$3f$	$4f$	$5f$	$6f$	$7f$	$8f$
理论值	电压有效值								
	电压峰峰值								
测量值	电压有效值								
	电压峰峰值								

2. 信号的合成实验

按表 4-12 的要求，在输出端观测和记录合成结果。

表 4-12　矩形信号的基波及各次谐波之间的合成

波形合成要求	合成后的波形
基波与三次谐波合成	
三次谐波与五次谐波合成	
基波与五次谐波合成	
基波、三次谐波与五次谐波合成	
基波与二~八次谐波的合成	
没有二次谐波的其他谐波合成	
没有五次谐波的其他谐波合成	
没有八次以上高次谐波的其他谐波合成	

4.3.6　实验要求与注意事项

1）应尽量将函数信号发生器、双踪示波器的接地端连接在一起。

2）在测量波形时，必须保证双踪示波器 Y 轴的两个通道显示同一波形时振幅一致、完全重合，否则将影响测量的准确性。

4.3.7 实验报告

1) 按要求记录实验数据，填写表 4-10~表 4-12 并在实验报告中列出。
2) 描绘矩形信号的振幅频谱图。
3) 总结矩形信号的谐波特性。
4) 以矩形信号为例，总结周期性信号的分解与合成原理。

4.4 验证抽样定理（奈奎斯特定理）与信号的恢复

4.4.1 实验目的

1) 观察离散时间信号的频谱，了解其特点。
2) 验证抽样定理并恢复原信号。

4.4.2 实验原理

1. 信号的抽样

离散时间信号不但可从离散时间信号源获得，而且可从连续时间信号抽样获得。抽样信号 $F_s(t) = F(t)S(t)$，其中 $F(t)$ 为连续时间信号（如三角波信号），$S(t)$ 是周期为 T_s 的矩形窄脉冲。T_s 称为抽样间隔，$f_s = \dfrac{1}{T_s}$ 为抽样频率。$F(t)$、$S(t)$、$F_s(t)$ 的波形如图 4-17 所示。

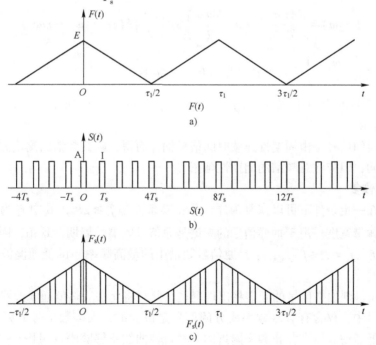

图 4-17 连续时间信号抽样过程

想要将连续时间信号用周期性矩形信号抽样而得到抽样信号,可通过抽样器来实现,实验原理图如图 4-18 所示。

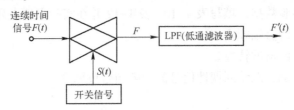

图 4-18 信号抽样实验原理图

2. 抽样信号的频谱

连续时间信号经周期性矩形信号抽样后,抽样信号的频谱为

$$F_s(j\omega) = \frac{A\tau}{T_s} \sum_{m=-\infty}^{\infty} \text{Sa}\left(\frac{m\omega_s\tau}{2}\right) 2\pi\delta(\omega - m\omega_s)$$

它包含了原信号频谱以及周期为 $f_s\left(f_s = \frac{\omega_s}{2\pi}\right)$、振幅按 $\frac{A\tau}{T_s}\text{Sa}\left(\frac{m\omega_s\tau}{2}\right)$ 规律变化的抽样信号频谱,即抽样信号的频谱是原信号频谱的周期性延拓。因此,抽样信号占有的频带比原信号频带宽得多。

下面以三角波信号被矩形脉冲抽样为例进行介绍。三角波信号的频谱:

$$F(j\omega) = E\pi \sum_{k=-\infty}^{\infty} \text{Sa}^2\left(\frac{k\pi}{2}\right) \delta\left(\omega - k\frac{2\pi}{\tau_1}\right)$$

抽样信号的频谱:

$$F_s(j\omega) = \frac{EA\tau\pi}{T_s} \sum_{\substack{k=-\infty \\ m=-\infty}}^{\infty} \text{Sa}\left(\frac{m\omega_s\tau}{2}\right) \text{Sa}^2\left(\frac{k\pi}{2}\right) \delta(\omega - k\omega_1 - m\omega_s)$$

式中,$\omega_1 = \frac{2\pi}{\tau_1}$ 或 $f_1 = \frac{\omega_1}{2\pi} = \frac{1}{\tau_1}$,$f_1$ 为原周期性信号的频率。

取三角波信号的有效带宽为 $3\omega_1 f_s = 8f_1$ 作图,如图 4-19a 所示,其抽样信号的频谱如图 4-19b 所示。

如果离散时间信号是由周期性连续时间信号抽样而得,则其频谱的测量方法与周期性连续时间信号相同,但应注意频谱的周期性延拓。

3. 信号的恢复

抽样信号在一定条件下可以恢复为原信号,其条件是 $f_s \geq 2B_f$,其中 f_s 为抽样频率,B_f 为原信号占有频带宽度。由于抽样信号的频谱是原信号频谱的周期性延拓,因此,只要通过一截止频率为 f_c ($f_m \leq f_c \leq f_s - f_m$,$f_m$ 是原信号频谱中的最高频率) 的低通滤波器,就能恢复为原信号。

如果 $f_s < 2B_f$,则抽样信号的频谱将出现混叠,此时将无法通过低通滤波器获得原信号。

在实际信号中,仅含有有限频率成分的信号是极少的,大多数信号的频率成分是无限的,并且实际低通滤波器在截止频率附近的频率特性曲线不够陡峭(见图 4-20),若使 $f_s = 2B_f$,$f_c = f_m = B_f$,恢复的信号难免有失真。为了减小失真,应将抽样频率 f_s 取高 ($f_s > 2B_f$),低通滤波器满足 $f_m < f_c < f_s - f_m$。

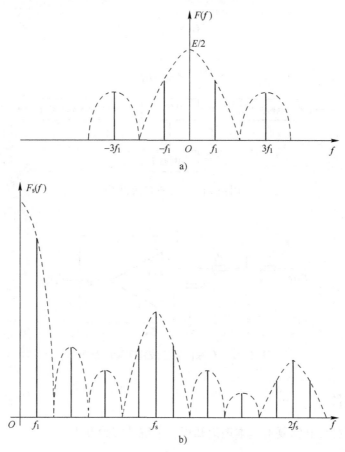

图 4-19 抽样信号的频谱图
a) 三角波信号的频谱 b) 抽样信号的频谱

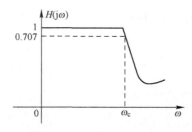

图 4-20 实际低通滤波器在截止频率附近的频率特性曲线

为了防止原信号的频带过宽而造成抽样后频谱混叠,实验中常采用前置低通滤波器滤除高频分量,如图 4-21 所示。若实验中选用的原信号频带较窄,则不必设置前置低通滤波器。

本实验采用有源低通滤波器,如图 4-22 所示。若给定截止频率 f_c,并取 $Q = \dfrac{1}{\sqrt{2}}$(为避免幅频响应特性出现峰值),$R_1 = R_2 = R$,则

$$C_1 = \frac{Q}{\pi f_c R}$$

$$C_2 = \frac{1}{4\pi f_c Q R}$$

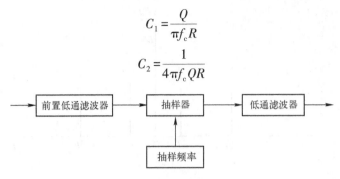

图 4-21　信号抽样流程图

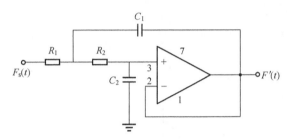

图 4-22　有源低通滤波器实验电路图

4.4.3　实验准备

1) 学习信号抽样和恢复的基本理论知识，了解其实验方法。

2) 思考题：

① 在对 1 kHz 三角波信号进行抽样实验时，抽样频率为什么不能低于 6 kHz？恢复滤波器截止频率为什么不能是 2 kHz？

② 1 kHz 的正弦信号用 2 kHz 周期性矩形信号去抽样，经 2 kHz 恢复滤波器后会输出一个 2 kHz 的正弦信号，为什么？

4.4.4　实验器材

1) 函数信号发生器：一台。

2) 选频电平表：一台。

3) 双踪示波器：一台。

4.4.5　实验任务

1. 观察抽样信号的波形

1) 调整信号源，使信号源输出 1 kHz 的三角波信号，振幅调整为 $U_{pp} = 2\text{ V}$。

2) 连接信号源，输入三角波信号；将抽样信号连接至抽样器，需要另配一个能产生抽样信号（矩形信号）的信号源。

3) 改变抽样信号的频率，用示波器观察抽样后的波形。

4) 使用不同的抽样信号频率，观察信号的变化。

2. 验证抽样定理与信号的恢复

1) 信号抽样与恢复实验方案框图如图 4-23 所示。

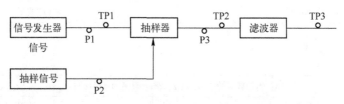

图 4-23　信号抽样与恢复实验方案框图

2) 调节信号源，设置函数信号发生器输出 $f=1\,\text{kHz}$，$U=2U_{\text{pp}}$ 的三角波信号接于 P1，设置抽样脉冲频率为 8 kHz，占空比为 50%，用连接导线接于 P2。

3) 用示波器观察抽样信号 $F_s(t)$ 和恢复后的信号波形。

4) 先选择截止频率 $f_{C2}=2\,\text{kHz}$ 的滤波器，再选择截止频率 $f_{C2}=4\,\text{kHz}$ 的滤波器，在 TP3 处，可观察恢复的信号的波形。

5) 设 1 kHz 的三角波信号的有效带宽为 3 kHz，$F_s(t)$ 信号分别通过截止频率为 f_{C1} 和 f_{C2} 的低通滤波器，观察其原信号的恢复情况，并完成下列任务，填写表 4-13。

表 4-13　观察抽样波形

① 当抽样频率为 3 kHz、截止频率为 2 kHz 时：	
$F_s(t)$ 的波形	$F'(t)$ 波形
② 当抽样频率为 6 kHz、截止频率为 2 kHz 时：	
$F_s(t)$ 的波形	$F'(t)$ 波形
③ 当抽样频率为 12 kHz、截止频率为 2 kHz 时：	
$F_s(t)$ 的波形	$F'(t)$ 波形
④ 当抽样频率为 3 kHz、截止频率为 4 kHz 时：	
$F_s(t)$ 的波形	$F'(t)$ 波形

(续)

⑤ 当抽样频率为 6 kHz、截止频率为 4 kHz 时：	
$F_s(t)$ 的波形	$F'(t)$ 波形
⑥ 当抽样频率为 12 kHz、截止频率为 4 kHz 时：	
$F_s(t)$ 的波形	$F'(t)$ 波形

4.4.6 实验要求与注意事项

1）应尽量将函数信号发生器、双踪示波器的接地端连接在一起。

2）在测量信号的波形时，必须保证双踪示波器 Y 轴的两个通道显示同一波形时振幅一致、完全重合，否则将影响测量的准确性。

4.4.7 实验报告

1）整理数据，正确完成表 4-13，总结离散信号的频谱的特点。

2）对比不同抽样频率（3 kHz、6 kHz 和 12 kHz）情况下的 $F_s(t)$ 与 $F'(t)$ 的波形并进行总结。

3）当 $F(t)$ 分别为正弦波信号和三角波信号时，分析其抽样信号 $F_s(t)$ 的频谱特点。

4.5 系统频率响应的测量

4.5.1 实验目的

1）了解连续线性时不变系统的基本分析方法。
2）掌握系统的正弦稳态响应的研究方法。
3）学习系统的频率响应特性的基本测量方法。

4.5.2 实验原理

1. 系统的正弦稳态响应

当连续线性时不变系统的激励信号为单一的正弦信号时，测量系统中的某一响应，得到的稳态响应仍为同频率的正弦信号。

正弦稳态电路中的电阻、电感、电容分别符合下列规律。

1）电阻 R 两端的正弦电压与流过电阻的正弦电流之间符合公式 $\dot{U} = R\dot{I}$，其电压与电流波形的相位一致。

2) 电感 L 两端的正弦电压与流过电感的正弦电流之间符合公式 $\dot{U} = Z_L \dot{I}$，其中，$Z_L = j\omega L$，电压的相位超前电流的相位 90°。

3) 电容 C 两端的正弦电压与流过电容的正弦电流之间符合公式 $\dot{U} = Z_C \dot{I}$，其中，$Z_C = 1/(j\omega C)$，电压的相位滞后电流的相位 90°。

由这些元件组成的电路系统无论多么复杂，每个单一元件上的电压与电流总是符合上述规律。

在"信号与系统"课程中，往往把单个元件上的正弦稳态响应作为结论来使用，并将研究的重点放在整个系统上。

2. 系统的频率响应特性

从相关理论课程的学习可知，系统可以从时域和频域两个角度来进行研究。在一个线性时不变系统中，时域和频域的关系如图 4-24 所示。

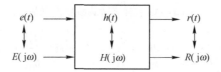

图 4-24 线性时不变系统中时域和频域的关系

把系统的频域响应向量 $\boldsymbol{R}(j\omega)$ 与激励向量 $\boldsymbol{E}(j\omega)$ 相比，即得到系统的频率响应特性

$$H(j\omega) = \frac{\boldsymbol{R}(j\omega)}{\boldsymbol{E}(j\omega)} = |H(j\omega)| e^{j\varphi(\omega)}$$

由此可知，系统的频率响应特性的模 $|H(j\omega)|$ 和辐角 $\varphi(\omega)$ 都是频率的函数。$|H(j\omega)|$ 称为系统的"幅频响应特性"，它反映了响应和激励在振幅上与频率的关系；$\varphi(\omega)$ 称为系统的"相频响应特性"，它反映了响应和激励的相位与频率的关系。幅频响应特性和相频响应特性统称系统的"频率响应特性"，简称"频响特性"。

由于系统的激励与响应向量的不同（电压或电流），因此有图 4-25 所示的 6 种系统频响特性函数。当激励和响应位于同一对端口时，称为"策动点函数"；当激励和响应位于不同端口时，称为"转移函数"。其中，用得最多的是转移电压比和策动点阻抗。

从激励信号的角度来看，当线性时不变系统的激励信号为单一的正弦信号时，可以得到系统中某一端对的正弦稳态响应特性；当线性时不变系统的激励信号为一组排列有序的正弦信号时，可以得到系统中某一端对的频率响应特性。

3. 系统频率响应特性的测量方法

系统频率响应特性的测量方法主要有逐点描绘法和扫频测量法。

（1）逐点描绘法

逐点描绘法严格按照频率特性的定义进行测量。图 4-26 为逐点描绘法测量转移电压比的原理框图，其中，函数信号发生器为系统提供频率可调、振幅恒定的输入电压 U_1。在整个工作频段内，逐点改变输入信号的频率 f，用交流电压表分别测出各个测量频率 f 时的输入电压 U_1 和输出电压 U_2，计算 U_2 与 U_1 的比值，即可根据测量数据绘制幅频响应特性曲线。用双踪示波器分别测出不同频率时 U_2 和 U_1 的相位差，即可绘制相频响应特性曲线。

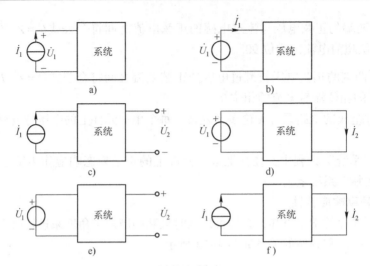

图 4-25 6 种系统频响特性函数

a) 策动点阻抗 $=\dfrac{\dot{U}_1}{\dot{I}_1}$ b) 策动点导纳 $=\dfrac{\dot{I}_1}{\dot{U}_1}$ c) 转移阻抗 $=\dfrac{\dot{U}_2}{\dot{I}_1}$ d) 转移导纳 $=\dfrac{\dot{I}_2}{\dot{U}_1}$ e) 转移电压比 $=\dfrac{\dot{U}_2}{\dot{U}_1}$ f) 转移电流比 $=\dfrac{\dot{I}_2}{\dot{I}_1}$

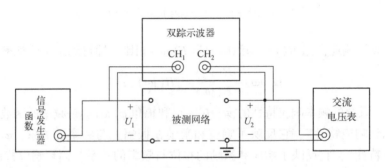

图 4-26 逐点描绘法测量转移电压比的原理框图

逐点描绘法的优点是可以使用常用的简单仪器进行测量，但由于测量一条特性曲线需要取的频率点一般为 10 个以上，需要花费一些时间。而且，由于测量时间过长，测量仪器可能出现不稳定等问题，会影响测试数据的准确性，因此，测得的频率响应特性是近似的。

（2）扫频测量法

扫频测量法主要使用频率响应特性测试仪（又称扫频仪）进行测量，它能在仪表的荧光屏上直接显示一定频率范围内的频率响应特性曲线。

扫频仪的工作原理如图 4-27 所示。扫描电压发生器产生锯齿波电压，它一方面供给示波管的水平偏转板，使电子束在水平方向偏转；另一方面控制扫频信号发生器，使扫频信号发生器的输出信号的频率与扫描电压的振幅成正比。因此，电子束在荧光屏上的每一水平位置都对应某一频率，并且是按顺序均匀变化的。这样，荧光屏上的水平扫描线便表示频率轴。扫频信号发生器输出的频率均匀变化而振幅恒定的电压加在被测系统的输入端后，被测系统的输出电压必然由系统的幅频响应特性决定，此电压经检波器放大后加到示波管的垂直偏转板，在荧光屏上便显示出被测系统的幅频响应特性曲线。频率范围可通过调节扫频信号发生器而改变。由于扫频信号发生器不可能有很宽的扫频范围，因此扫频仪一般分为若干频段，或被重新设计成用于不同频段的多个仪器。

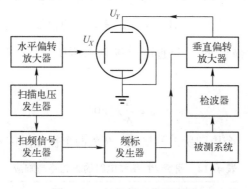

图 4-27　扫频仪工作原理图

为了便于将荧光屏上观察到的图形与频率相对应，扫频仪内还设有频标发生器，使频率稳定和准确。

与逐点描绘法相比，扫频测量法具有快速、可靠、直观等特点，因此，它得到了广泛应用。但扫频仪仅能显示电路的幅频响应特性曲线，相位差的测量仍需要使用示波器。

4.5.3　实验准备

认真阅读实验原理部分，学习系统正弦稳态响应的研究方法，以及系统频率响应特性的测量方法。

4.5.4　实验器材

1) 信号发生器：一台。
2) 双踪示波器：一台。
3) 交流电压表：一台。
4) 综合实验箱：一个。

4.5.5　实验任务

1. 系统的正弦稳态响应实验

1) 首先，进行 RL 串联电路的正弦稳态响应实验。按照图 4-28 连接电路，信号发生器提供一个正弦交流信号，其中 $f=8\,\text{kHz}$，电压 $U=4\,\text{V}$（以交流电压表测量值为准）。

用交流电压表测量各元件上的电压值。根据图 4-29，用元件测量值计算电路中的总电压 U，计算总电压与总电流的相位差 φ。将测量数据与计算数据填入表 4-14。

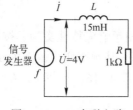

图 4-28　RL 串联电路

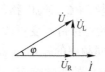

图 4-29　电路相量图

用双踪示波器测量电路中总电压 $\dot{U}$ 与总电流 $\dot{I}$ 的相位差 φ，填入表 4-14。其中，总电流 $\dot{I}$ 与电阻上的电压 $\dot{U}_\mathrm{R}$ 同相，又由于示波器是测量电压的仪器，因此，测量总电压 $\dot{U}$ 与总电流 $\dot{I}$ 的相位差 φ 时，将示波器的一个通道连接总电压 $\dot{U}$，另一个通道连接电阻上的电压 $\dot{U}_\mathrm{R}$，则

$$\varphi = \frac{B}{A} \times 360$$

式中，A 为正弦交流信号一个周期所占的格数；B 为两个被测量信号波形相差的格数。

表 4-14 研究 RL 串联电路的正弦稳态响应

	测量各元件上的电压值					示波器测量		
	U	U_R	U_L	计算 U	计算 φ	B	A	测量 φ
理论值	4 V					—	—	—
实测值	4 V							

2）然后，进行 RC 串联电路的正弦稳态响应实验。按照图 4-30 连接电路，信号发生器提供一个正弦交流信号，其中 $f=2\,\mathrm{kHz}$，电压 $U=4\,\mathrm{V}$（以交流电压表测量值为准）。

用交流电压表测量各元件上的电压值。根据图 4-31，用测量值计算电路中的总电压 U，计算总电压与总电流的相位差 φ。将测量数据与计算数据填入表 4-15。

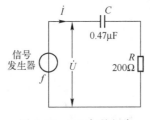
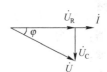

图 4-30 RC 串联电路　　　图 4-31 电路相量图

用双踪示波器测量电路中总电压 $\dot{U}$ 与总电流 $\dot{I}$ 的相位差 φ，填入表 4-15。

表 4-15 研究 RC 串联电路的正弦稳态响应

	测量各元件上的电压值					示波器测量		
	U	U_R	U_C	计算 U	计算 φ	B	A	测量 φ
理论值	4 V					—	—	—
实测值	4 V							

2. 系统的频率响应特性实验

1）首先，进行 RC 高通电路的幅频响应特性和相频响应特性实验。按照图 4-30 连接电路，$U=1\,\mathrm{V}$，并始终保持不变；改变输入信号的频率，其频率变化范围为 $0.2\sim12\,\mathrm{kHz}$。用交流电压表测量不同频率的输出电压 U_R，将数据记入表 4-16。计算 U_R/U，在坐标纸上，逐点描绘 RC 高通电路的幅频响应特性曲线。

根据交流电压表测量的 U 和 U_R，利用各电压间的相量关系（见图 4-31），计算不同频

率时的相位差，数据记入表 4-16 的 $\varphi_{量测}$ 一栏。

将双踪示波器同时输入电压 U 和 U_R，用双踪示波器读测对应不同频率时的相位差，数据记入表 4-16 中 $\varphi_{读测}$ 一栏。在坐标纸上，逐点描绘 RC 高通电路的相频响应特性曲线。

表 4-16 RC 高通电路的幅频响应特性和相频响应特性的测量

f/kHz	0.2	1.0			f'_g		6.0		12
U_R/V（理论）									
U/V									
U_R/V									
U_R/U									
$\varphi_{理论}$/(°)									
$\varphi_{量测}$/(°)									
$\varphi_{读测}$/(°)									

注意记录 f_g 和 f'_g 的值。其中，f_g 为 RC 高通电路截止频率的理论值。理论上，当输入信号的频率 $f=f_g$ 时，输出信号的电压应符合 $U_R=0.707U$。实验中，请根据这一特性测出该电路截止频率的实际值 f'_g。

2）然后，进行测量 RC 双 T 形电路的幅频响应特性实验。RC 双 T 形电路如图 4-32 所示，取 $R=1\,\text{k}\Omega$，$C=0.01\,\mu\text{F}$。测量 $U_1=1\,\text{V}$ 并始终保持不变、频率测量范围为 $2\sim80\,\text{kHz}$ 时 U_2 的数据。将测量数据记入表 4-17。在坐标纸上，逐点描绘 RC 双 T 形电路的幅频响应特性曲线。

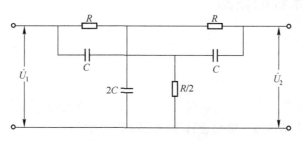

图 4-32 RC 双 T 形电路

表 4-17 RC 双 T 形电路的幅频响应特性的测量

f/kHz	2		f'_1		f'_0		f'_2		80
U_2/V（理论）									
U_1/V									
U_2/V									
U_2/U_1									
$f_0=$		$f'_0=$		理论 $U_{2\min}=$		实测 $U_{2\min}=$			
$f_1=$		$f'_1=$		$f_2=$		$f'_2=$			

RC 双 T 形电路是一个带阻滤波电路。其幅频响应特性曲线变化率最大的位置在频率为 f_0 处，此时输出电压最小，$U_2 = U_{2\min}$（理论值为 0）。在 f_0 的两边，有两个截止频率点 f_1 和 f_2，对应 U_2/U_1 的比值为 0.707。

为了完整地描绘 RC 双 T 形电路的幅频响应特性曲线，必须合理选择各测量点的频率。在实验中，要测量出 $U_2 = U_{2\min}$ 时，电路的实际频率 f_0' 以及 f_1' 和 f_2'。

4.5.6 实验要求与注意事项

1）在测量频率范围内，各频率点的选择应以足够描绘一条光滑而完整的曲线为准，在变化率小的地方可以少测几点，在变化率大的地方应多测几点，但测量点总数不得少于 10 个。

2）在测量各频率响应特性时，应注意在改变频率时保持被测电路的输入电压不变。

4.5.7 实验报告

1）列写本实验各数据记录表格，包括表 4-14～表 4-17。
2）绘制各实测频率响应特性曲线。
3）回答下列思考题：
① 在测量系统的频率响应特性时，信号发生器的输出电压一般会随着频率的调整而变化，为什么？实验中，采取何种方法保证被测电路的输入电压不变？
② 理论上，在 RC 双 T 形电路中，当 $f = f_0$ 时，$U_2 = 0$，实测时，一般 $U_{2\min} \neq 0$，为什么？

4.6 连续时间系统的模拟

4.6.1 实验目的

1）掌握运算放大器的基本特性和使用方法。
2）观测基本运算单元的输入与响应，了解基本运算单元的电路结构和运算功能。
3）初步学会使用基本运算单元进行连续时间系统的模拟。

4.6.2 实验原理

1. 运算放大器的基本特性

运算放大器是一种有源多端元件，图 4-33a 给出了它的电路符号，图 4-33b 是它的理想电路模型。它有两个输入端和一个输出端，"+"端称为同相输入端，信号从同相输入端输入时，输出信号与输入信号相位相同；"-"端称为反相输入端，信号从反相输入端输入时，输出信号与输入信号相位相反。运算放大器的输出端电压为

$$u_0 = A_0(u_p - u_n)$$

式中，A_0 是运算放大器的开环放大倍数。开环是指运算放大器的输出端没有能量回授给输入端的工作状态。通常，运算放大器的开环电压放大倍数是很大的，为 $10^4 \sim 10^6$。为了提高运算放大器的工作稳定性以便实现各种功能，往往将运算放大器输出端电压的一部分（或全部）反馈到输入回路中，这种状态称为闭环工作状态。

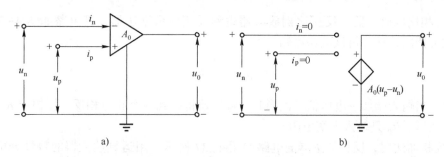

图 4-33 运算放大器的基本特性

在理想情况下，A_0 和输入电阻 R_{in} 为无穷大，因此有

$$u_p = u_n, \quad i_p = \frac{u_p}{R_{in}} = 0$$

$$i_n = \frac{u_p}{R_{in}} = 0$$

这表明运算放大器的"+"端与"-"端等电位，通常称为"虚短路"，运算放大器的输入端电流等于 0。此外，理想运算放大器的输出电阻为 0。这些重要性质是分析含有运算放大器网络的依据之一。

除两个输入端和一个输出端以外，运算放大器还有一个输入和输出信号的参考接地端，以及相对接地端的电源正端和电源负端。运算放大器的工作特性是在接有正、负电源（工作电源）的情况下才具有的。

图 4-34 是 LM324 集成块的内部电路与外部引脚示意图，其中包含 4 个独立的运算放大器。$+U_{CC}$ 和 $-U_{EE}$ 引脚分别连接一对大小相等、符号相反的电源电压，如 ±5 V、±8 V、±12 V 等。

2. 基本运算单元的电路结构

常用的基本运算单元主要有同相比例放大器、反相比例放大器、反相加法器、积分器和全加积分器等。

1）同相比例放大器。同相比例放大器是电压控制电压源（VCVS），其电路如图 4-35 所示，用运算放大器的特性分析该电路可知

$$u_0 = \left(1 + \frac{R_2}{R_1}\right)u_1 = Ku_1$$

当 $R_2 = 0$，$R_1 = \infty$ 时，$K = 1$，K 为电压放大倍数，该电路即为电压跟随器。

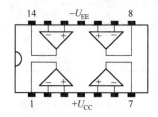

图 4-34 LM324 集成块的内部电路与外部引脚示意图

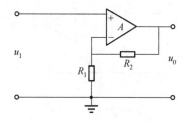

图 4-35 同相比例放大器

2）反相比例放大器。反相比例放大器也称反相标量乘法器，其电路如图4-36所示，用运算放大器的特性分析该电路可知

$$u_0 = -\frac{R_2}{R_1}u_1$$

此式表明，当输入端加一电压信号波形时，输出端将得到一个相位相反、振幅与R_2/R_1成正比的电压波形。R_P是输入平衡电阻。

3）反相加法器。反相加法器的电路如图4-37所示，用运算放大器的特性分析电路可知总的输出电压为

$$u_0 = -\left(\frac{R_3}{R_1}u_1 + \frac{R_3}{R_2}u_2\right)$$

$R_P = R_1//R_2//R_3$。当$R_1 = R_2 = R_3$时，$u_0 = -(u_1+u_2)$。该式表明，输出电压信号是输入电压信号之和的负数。

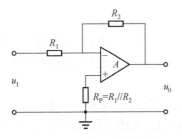

图4-36 反相比例放大器

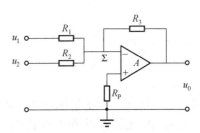

图4-37 反相加法器

4）积分器。积分器的电路如图4-38所示，用运算放大器的特性分析该电路可知

$$u_0 = -\frac{1}{RC}\int u_1 \mathrm{d}t$$

其输出电压信号是输入电压信号的积分波形。

5）全加积分器。全加积分器的电路如图4-39所示，它是一加法器和积分器的组合电路。用运算放大器的特性分析该电路可知

$$u_0 = -\int\left(\frac{u_1}{R_1C} + \frac{u_2}{R_2C}\right)\mathrm{d}t$$

其输出电压信号是输入电压信号之和的积分波形。

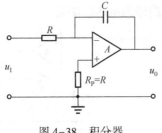

图4-38 积分器

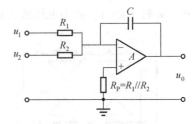

图4-39 全加积分器

3. 用基本运算单元模拟连续时间系统

使用基本运算单元可以对连续时间系统进行模拟，主要有以下3个步骤。

1) 列写电路的方程。如图 4-40a 所示的 RC 一阶电路,其微分方程为

$$\frac{\mathrm{d}y(t)}{\mathrm{d}t}+\frac{1}{RC}y(t)=\frac{1}{RC}x(t)$$

写成算子方程形式有

$$py(t)+\frac{1}{RC}y(t)=\frac{1}{RC}x(t)$$

整理得

$$y(t)=\frac{1}{p}\frac{1}{RC}[x(t)-y(t)]$$

2) 根据算子方程画出框图。对应的框图如图 4-40b 所示。
3) 用基本运算单元模拟连续时间系统。用反相比例放大器、反相加法器和积分器模拟连续时间系统,可得到图 4-40c。

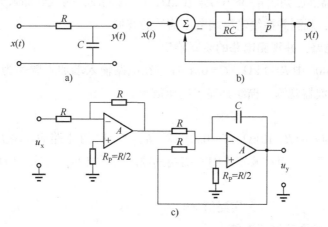

图 4-40　一阶电路的模拟

4.6.3　实验准备

1) 认真阅读实验原理,熟悉运算放大器和基本运算单元,并学会使用其运算公式。
2) 推导用基本运算单元模拟连续时间系统的微分方程,计算理论值,预先画出电路的响应波形。
3) 学习设计一个二阶电路模拟系统的理论知识。

4.6.4　实验器材

1) 信号发生器:两台。
2) 毫伏表:一台。
3) 双踪示波器:一台。
4) 双路稳压电源:一个。
5) 综合实验箱:一个。

4.6.5　实验任务

1. 观测基本运算单元电路的输入、输出波形,理解其工作原理

1) 观测同相比例放大器。已知图 4-35 中 $R_1=R_2=10\,\text{k}\Omega$,输入端加入频率为 $1\,\text{kHz}$、振幅为 $1\,\text{V}$ 的矩形信号,观测并描绘输出端电压信号的波形。

2) 观测反相比例放大器。已知图 4-36 中 $R_1=R_2=10\,\text{k}\Omega$,$R_P=R_1//R_2=5\,\text{k}\Omega$,输入端加入频率为 $1\,\text{kHz}$、振幅为 $1\,\text{V}$ 的矩形信号,观测并描绘输出端电压信号的波形。

3) 观测反相加法器。已知图 4-37 中 $R_1=R_2=R_3=10\,\text{k}\Omega$,$R_P=R_1//R_2//R_3=3.3\,\text{k}\Omega$,$u_1$ 输入端加入频率为 $1\,\text{kHz}$、振幅为 $3\,\text{V}$ 的矩形信号,u_2 输入端加入频率为 $4\,\text{kHz}$、振幅为 $2\,\text{V}$ 的正弦信号,观测并描绘输出端电压信号的波形。

4) 观测积分器。已知图 4-38 中 $R=10\,\text{k}\Omega$,$C=0.1\,\mu\text{F}$,输入端加入频率为 $1\,\text{kHz}$、振幅为 $1\,\text{V}$ 的矩形信号,观测并描绘输出端电压信号的波形。

2. 模拟一阶电路,并观测电路的阶跃响应

1) 已知图 4-40c 中 $R=1\,\text{k}\Omega$,$C=0.1\,\mu\text{F}$。在电路输入端加入频率为 $1\,\text{kHz}$、振幅为 $3\,\text{V}$ 的矩形信号,用示波器观测并描绘其输出电压波形。

理论值 $\tau=RC=$ _____ s,实测值 $\tau=$ _____ s。

2) 已知图 4-40c 中 $R=10\,\text{k}\Omega$,$C=0.01\,\mu\text{F}$,$R_P=5\,\text{k}\Omega$。在电路输入端仍加入频率为 $1\,\text{kHz}$、振幅为 $3\,\text{V}$ 的矩形信号,用示波器观测并描绘其输出电压波形,与原一阶电路的输出波形进行比较。

理论值 $\tau=RC=$ _____ s,实测值 $\tau=$ _____ s。

3. 设计一个二阶电路模拟系统

试自行设计一个二阶电路,列写其微分方程和算子方程,用基本运算单元搭建模拟系统,对原实验电路和模拟系统进行测试。

4.6.6　实验要求与注意事项

1) 本实验中的运算放大器均使用 LM324,其直流工作电源电压为对称的 ±8 V。注意,极性不要接反,否则将损坏器件。

2) 反相加法器实验为选做实验,需要两个信号源,一个提供正弦波,另一个提供矩形信号。

4.6.7　实验报告

1) 描绘各基本运算单元输入和输出信号波形曲线。

2) 描绘一阶 RC 电路和模拟电路的输出波形曲线,并进行比较。

3) 列出设计的实验电路与模拟系统方案,推导微分方程和算子方程,列写测试方案与测试数据。

4.7 无源 RC 滤波器和有源 RC 滤波器

4.7.1 实验目的

1) 分析和比较无源 RC 滤波器与有源 RC 滤波器的幅频响应特性的特点。
2) 掌握滤波器的频率响应特性的测量方法。

4.7.2 实验原理

1. RC 滤波器的基本特性

滤波器的功能是让指定频率范围内的信号通过，而将其他频率的信号加以抑制或使之急剧衰减。传统滤波器是由电阻、电容和电感元件构成的。

由于 RC 滤波器不用电感元件，因此不需要磁屏蔽，避免了电感元件的非线性影响。特别是在低频频段，RC 滤波器的体积比含电感的滤波器要小得多。

与无源 RC 滤波器相比，有源 RC 滤波器的输入阻抗大，输出阻抗小，能在负载和信号之间起隔离作用，滤波特性更好。

滤波器按其作用可分为低通、高通、带通和带阻 4 种类型，它们的幅频特性曲线如图 4-41 所示，这里着重分析低通滤波器的频率响应特性。

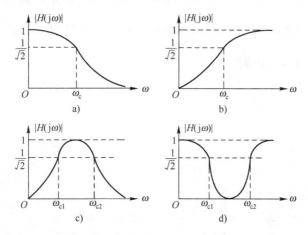

图 4-41 4 种滤波器的幅频响应特性曲线

二阶低通滤波器的传递函数一般表示为

$$H(s) = \frac{U_o(s)}{U_i(s)} = \frac{k\omega_0^2}{s^2 + \omega_0 s/Q + \omega_0^2}$$

式中，$U_o(s)$ 为输出；$U_i(s)$ 为输入；ω_0 为固有振荡角频率；Q 为滤波器的品质因数；k 是 $\omega_0 = 0$ 时的振幅响应系数。

为了分析幅频响应特性和相频响应特性，将上式中的 s 换成 $j\omega$，得

$$H(j\omega) = \frac{k}{\left(1-\frac{\omega^2}{\omega_0^2}\right)+j\frac{\omega}{\omega_0 Q}}$$

其模值
$$|H(j\omega)| = \frac{k}{\sqrt{\left(1-\frac{\omega^2}{\omega_0^2}\right)^2+\left(\frac{\omega}{\omega_0 Q}\right)^2}}$$

辐角
$$\varphi(\omega) = -\arctan\left[\frac{\omega}{\omega_0 Q} \Big/ \left(1-\frac{\omega^2}{\omega_0^2}\right)\right]$$

式中，当 $Q>1/\sqrt{2}$ 时，幅频特性曲线将出现峰值；当 $Q=1/\sqrt{2}$ 时，幅频特性曲线在低频段时比较平坦，其截止频率 ω_c 通常被定义为 $H(\omega)$ 从起始值 $H(0)=k$ 下降到 $k/\sqrt{2}$ 时的频率，此时有 $\omega_0=\omega_c$，即 $Q=1/\sqrt{2}$ 时的截止频率 ω_c 就是固有振荡频率 ω_0。

2. 无源二阶 RC 低通滤波器

图 4-42 为无源二阶 RC 低通滤波器，其电压传递函数为

$$H(s) = \frac{U_o(s)}{U_i(s)} = \frac{1/R^2 C_1 C_2}{s^2+(C_1+2C_2)s/RC_1 C_2+1/R^2 C_1 C_2}$$

与二阶低通滤波器的传递函数比较，得

$$k=1, \quad \omega_0 = 1/(R\sqrt{C_1 C_2}), \quad Q = M/(M^2+2)$$

式中，$M=\sqrt{C_1/C_2}$，即 $C_1=M^2 C_2$。令 $dQ/dM=0$，得 $M^2=2$，即 $C_1=2C_2$ 时 Q 值最大，此时的 Q 值等于 $\frac{1}{2\sqrt{2}}$，可见无源二阶 RC 低通滤波器的 Q 值是很低的。其幅频响应特性曲线在低频段下降很快，如图 4-43 中虚线所示。

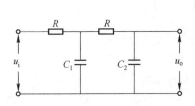

图 4-42 无源二阶 RC 低通滤波器

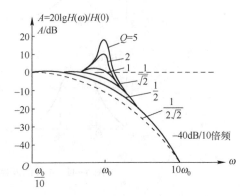

图 4-43 无源二阶 RC 低通滤波器的幅频响应特性

3. 有源二阶 RC 低通滤波器

图 4-44 为有源二阶 RC 低通滤波器，其电压传递函数为

$$H(s) = \frac{U_o(s)}{U_i(s)} = \frac{1/R^2 C_1 C_2}{s^2+2s/RC_1+1/R^2 C_1 C_2}$$

与二阶低通滤波器的传递函数比较，可得

$$k=1, \quad \omega_0 = 1/(R\sqrt{C_1 C_2}), \quad Q = \sqrt{C_1/C_2}/2$$

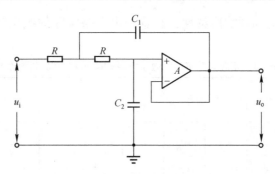

图 4-44 有源二阶 RC 低通滤波器

可见，通过改变 C_1/C_2 的值，可调节 Q 值。然后，在保持 Q 值不变（C_1、C_2 值不变）的情况下，可通过调节 R 值来改变 ω_0 和 ω_c 的值。

4.7.3 实验准备

1) 学习有关无源和有源 RC 滤波器方面的理论知识。
2) 计算当 RC 低通滤波器的电阻和电容分别为下列值时，计算其电路的截止频率。
① $R = 20\,\text{k}\Omega$，$C_1 = 0.02\,\mu\text{F}$，$C_2 = 0.01\,\mu\text{F}$。
② $R = 15\,\text{k}\Omega$，$C_1 = 0.02\,\mu\text{F}$，$C_2 = 0.01\,\mu\text{F}$。
③ $R = 20\,\text{k}\Omega$，$C_1 = 0.047\,\mu\text{F}$，$C_2 = 0.01\,\mu\text{F}$。
3) 当 RC 高通滤波器的 $R = 20\,\text{k}\Omega$，$C_1 = C_2 = 0.01\,\mu\text{F}$ 时，计算其电路的截止频率。

4.7.4 实验器材

1) 低频信号发生器：一台。
2) 交流毫伏表：一台。
3) 双踪示波器：一台。
4) 双路稳压电源：一个。
5) 综合实验箱：一个。

4.7.5 实验任务

1. 无源二阶 RC 低通滤波器幅频响应特性的测试

1) 将图 4-42 所示被测电路接入图 4-45 所示的测试电路中，其中 $R = 20\,\text{k}\Omega$，$C_1 = 0.02\,\mu\text{F}$，$C_2 = 0.01\,\mu\text{F}$。输入电压 $U_i = 3\,\text{V}$，并注意保持电压不变，输出端接毫伏表或示波器以测量 U_o。

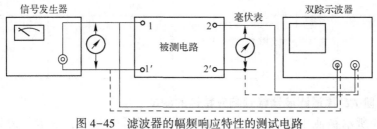

图 4-45 滤波器的幅频响应特性的测试电路

2) 逐点测量电路的幅频响应特性，注意测出电路实际的截止频率 f_c，将数据记录在表 4-18 中。

表 4-18 无源二阶 RC 低通滤波器的幅频响应特性测试数据

f/kHz									
U_i/V									
U_o/V									
$\dfrac{U_o}{U_i}$									

2. 有源二阶 RC 低通滤波器幅频响应特性的测试

1) 将图 4-44 所示被测电路接入图 4-45 所示的测试电路中，取 $R = 20\,\text{k}\Omega$，$C_1 = 0.02\,\mu\text{F}$，$C_2 = 0.01\,\mu\text{F}$。测量该电路的幅频响应特性，将数据填入表 4-19。测量时，注意保持输入电压 $U_i = 3\,\text{V}$。

2) 保持 C_1 和 C_2 的数值不变，改变 R 为 $15\,\text{k}\Omega$，重复上述测量过程（将测量数据填入表 4-19），观察曲线有何变化。

3) 保持 R 的数值不变（$R = 20\,\text{k}\Omega$），改变 C_1 为 $0.047\,\mu\text{F}$，C_2 仍为 $0.01\,\mu\text{F}$，重复上述测量过程（将测量数据填入表 4-19），观察曲线有何变化。

表 4-19 有源二阶 RC 低通滤波器的幅频响应特性测试数据

$R = 20\,\text{k}\Omega$ $\quad C_1 = 0.02\,\mu\text{F}$ $\quad C_2 = 0.01\,\mu\text{F}$ $\quad \omega_0 =$ $\quad f_0 =$									
f/kHz									
U_i/V									
U_o/V									
$\dfrac{U_o}{U_i}$									
$R = 15\,\text{k}\Omega$ $\quad C_1 = 0.02\,\mu\text{F}$ $\quad C_2 = 0.01\,\mu\text{F}$ $\quad \omega_0 =$ $\quad f_0 =$									
f/kHz									
U_i/V									
U_o/V									
$\dfrac{U_o}{U_i}$									
$R = 20\,\text{k}\Omega$ $\quad C_1 = 0.047\,\mu\text{F}$ $\quad C_2 = 0.01\,\mu\text{F}$ $\quad \omega_0 =$ $\quad f_0 =$									
f/kHz									
U_i/V									
U_o/V									
$\dfrac{U_o}{U_i}$									

3. 有源二阶 RC 高通滤波器幅频响应特性的测试

将图 4-46 所示被测电路接入图 4-45 所示的测试电路中，取 $R = 20\,\text{k}\Omega$，$C_1 = C_2 =$

$0.01\ \mu F$。测量该电路的幅频响应特性,将数据填入表 4-20 中。测量时,注意保持输入电压 $U_i = 3\ V$。

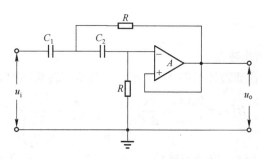

图 4-46 有源二阶 RC 高通滤波器

表 4-20 有源二阶 RC 高通滤波器的幅频响应特性测试数据

$R = 20\ k\Omega$	$C_1 = C_2 = 0.01\ \mu F$		$\omega_0 =$		$f_0 =$					
f/kHz										
U_i/V										
U_o/V										
$\dfrac{U_o}{U_i}$										

4.7.6 实验要求与注意事项

1) 本实验各幅频响应特性的频率测量范围为 $50\ Hz \sim 2\ kHz$。测量时,应注意正确选择频率点,测量点的个数不得少于 10 个,其中截止频率点 f_c 应测量。

2) 在有源 RC 滤波器的测试中,运算放大器均使用 LM324,其工作电源电压为 $\pm 5\ V$。注意,极性不要接反,否则将损坏器件。

4.7.7 实验报告

1) 列写测量数据表(表 4-18~表 4-20)。

2) 在同一坐标系中,画出无源 RC 低通滤波器和有源 RC 低通滤波器的幅频响应特性曲线,并对各曲线进行分析与比较。

3) 总结无源滤波器和有源滤波器(低通、高通、带通和带阻)的优缺点。

4) 绘制有源 RC 高通滤波器的幅频响应特性曲线,并对曲线特点进行分析。

4.8 有源二阶 RC 滤波器的传输特性

4.8.1 实验目的

1) 了解有源二阶 RC 带通滤波器的结构及其传输特性。

2) 了解 RC 桥 T 形带阻滤波器及其逆系统的频响特性,以及利用反馈系统构成逆系统的方法。

3) 了解负阻抗在 RLC 串联振荡电路中的应用。

4.8.2 实验原理

1. 有源二阶 RC 带通滤波器

一个有源二阶 RC 带通滤波器如图 4-47 所示,其系统转移函数为

$$H(s)=\frac{U_o(s)}{U_i(s)}=\frac{k}{R_1C_1}\frac{s}{\left(s+\dfrac{1}{R_1C_1}\right)\left(s+\dfrac{1}{R_2C_2}\right)}$$

当 $R_1C_1 \ll R_2C_2$ 时,该滤波器的幅频响应特性曲线如图 4-48 所示,其中

$$f_{p1} \approx \frac{1}{2\pi R_1 C_1}, \quad f_{p2} \approx \frac{1}{2\pi R_2 C_2}$$

即在低频端,主要由 R_2C_2 的高通特性起作用;在高频端,则由 R_1C_1 的低通特性起作用;在中频段,C_1 相当于开路,C_2 相当于短路,它们都不起作用,输入信号 U_i 经运算放大器放大后送往输出端,由此形成其带通滤波特性。

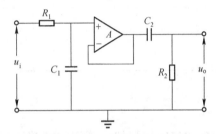
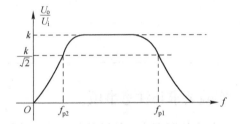

图 4-47 有源二阶 RC 带通滤波器　　图 4-48 带通滤波器的幅频响应特性曲线

2. RC 桥 T 形带阻滤波器及其逆系统

RC 桥 T 形带阻滤波器如图 4-49a 所示,其电压传递函数为

$$H(s)=\frac{U_2(s)}{U_1(s)}=\frac{(RCs)^2+\dfrac{2}{a}RCs+1}{(RCs)^2+\left(\dfrac{2}{a}+a\right)RCs+1}$$

利用反馈系统,可以得到它的逆系统,如图 4-49b 所示。当运算放大器的增益 K 足够大时,反馈系统的电压传递函数为

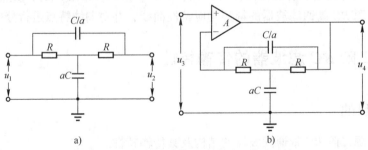

图 4-49 RC 桥 T 形带阻滤波器及其逆系统

$$H_i(s) = \frac{U_4(s)}{U_3(s)} \approx \frac{1}{H(s)} = \frac{(RCs)^2 + \left(\frac{2}{a}+a\right)RCs+1}{(RCs)^2 + \frac{2}{a}RCs+1}$$

它们的幅频响应特性曲线如图 4-50 所示，其中 $f_0 = \frac{1}{2\pi RC}$。

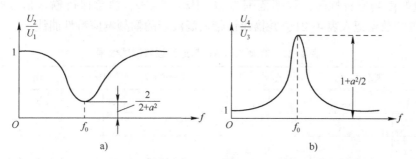

图 4-50 RC 桥 T 形带阻滤波器及其逆系统的幅频响应特性曲线

3. 负阻抗在 RLC 串联振荡电路中的应用

在"二阶电路的瞬态响应"中，已知 RLC 串联振荡电路在欠阻尼状态时，其输出电压波形是一个衰减振荡波形。如果此时电路中的电阻 $R=0$，则输出电压的波形应当是一个等幅振荡波形。由于电路中电感一般存在较大的损耗电阻，因此，必须在电路中加上相同的负阻抗，使电路中的总电阻为 0。实际电路如图 4-51 所示。

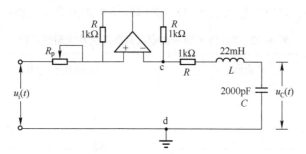

图 4-51 负阻抗在 RLC 串联振荡电路中的应用

4.8.3 实验准备

认真阅读实验目的和实验原理部分，了解本次实验涉及的理论知识。

4.8.4 实验仪器

1) 信号发生器：一台。
2) 双踪示波器：一台。
3) 交流毫伏表：一台。
4) 双路稳压电源：一个。
5) 综合实验箱：一个。

4.8.5 实验任务

1. 测量一个有源二阶 RC 带通滤波器的幅频响应特性

已知图 4-47 中 $R_1 = 2\,\text{k}\Omega$，$C_1 = 0.01\,\mu\text{F}$，$R_2 = 20\,\text{k}\Omega$，$C_2 = 0.02\,\mu\text{F}$。将被测电路连接好，再按图 4-45 将被测电路与信号源、测量用表相连接。

在测量幅频响应特性时，频率范围为 100 Hz ~ 10 kHz，注意保持输入信号的电压 $U_i = 3\,\text{V}$。将测得的数据记入表 4-21，并描绘该带通滤波器的幅频响应特性曲线。

表 4-21 有源二阶 RC 带通滤波器测试数据

	理论值：f_{p1} = ___ Hz, f_{p2} = ___ Hz			实测值：f'_{p1} = ___ Hz, f'_{p2} = ___ Hz		
f/kHz	0.1		f'_{p2}		f'_{p1}	10
U_i/V						
U_o/V						
$\dfrac{U_o}{U_i}$						

2. 测量 RC 桥 T 形带阻滤波器及其逆系统的幅频响应特性

已知图 4-49 中 $R = 20\,\text{k}\Omega$，$C = 1000\,\text{pF}$，$a = 2$。连接被测电路，再按照图 4-45 将被测电路与信号源、测量用表相连接。

在测量幅频响应特性时，频率变化范围为 1 kHz ~ 40 kHz，注意保持输入信号的电压为 3 V，测量输出电压的大小，将数据记入表 4-22，并描绘该带阻滤波器的幅频响应特性曲线。

表 4-22 RC 桥 T 形带阻滤波器及其逆系统测试数据

		理论值 $f_0 = \dfrac{1}{2\pi RC} =$ ___ Hz		实测值 $f'_0 =$ ___ Hz	
原电路	f/kHz	1		f'_0	40
	U_1/V				
	U_2/V				
	$\dfrac{U_2}{U_1}$		0.7	0.7	
		理论值 $f_0 = \dfrac{1}{2\pi RC} =$ ___ Hz		实测值 $f'_0 =$ ___ Hz	
逆系统	f/kHz	1		f_0	40
	U_3/V				
	U_4/V				
	$\dfrac{U_4}{U_3}$		0.7	0.7	

3. 负阻抗在 RLC 串联振荡电路中的应用实验

按图 4-51 连接电路，从图中可见，c、d 右侧的电路是原有的串联振荡电路。现在，在输入端加入一矩形信号，在 $C = 2000\,\text{pF}$ 上连接示波器，调节电位器 R_P 的阻值，观察其输出波形 $u_C(t)$ 的变化。

4.8.6　实验要求与注意事项

1）由于信号源一般不是恒压源，在测量频响特性时，每改变一次频率，都需注意保持输入电压的大小不变。

2）在测量各幅频响应特性曲线时，对于变化率大的频率段，测量点应选得密一些；对于变化率小的频率段，测量点可以选得疏一些。在特殊频率点附近，应细致寻找振幅符合要求的测量点，如最小点、最大点、截止频率点。

3）本实验中使用的运算放大器为LM324。在连接电路时，注意正确连接各引脚及电源的正负极。LM324工作电源为±8 V。

4.8.7　实验报告

1）填写各项实验任务数据表格（表4-21和表4-22），描绘幅频响应特性曲线，并分析实验结果。

2）回答下列思考题：如何测量幅频响应特性曲线中的最大点和最小点？测量时需要注意哪些问题？

第5章 综合应用型实验

5.1 电话拨号音仿真

5.1.1 实验目的

1) 理解双音多频电话拨号音的产生原理。
2) 掌握使用 MATLAB 语音产生双音多频电话拨号音的方法。

5.1.2 实验原理

电话拨号产生的电话号码是通过双音多频（DTMF）格式从电话机传送给交换机的。双音多频是指利用两个规定频率的正弦波来表示电话机的某一个按键，当按下某按键时，就发送相应的一组正弦波。交换机一方通过检测这组正弦波的频率来识别相应的号码信息。双音多频规定的电话拨号按键（双频拨号）的频率分配关系见表 5-1。

表 5-1 双频拨号的频率分配

	1209 Hz	1336 Hz	1477 Hz
697 Hz	1	2	3
770 Hz	4	5	6
852 Hz	7	8	9
941 Hz	*	0	#

5.1.3 实验研究任务

【例 5-1】 根据双音多频电话拨号音的产生原理，用一个函数文件（function file）产生双音多频电话拨号音。要求该函数能够根据输入的电话号码产生拨号音频，每个号码的双音多频拨号音持续时间为 0.3 s，拨号间隔为 0.1 s。

解：程序代码如下。

```
function y = myphone( num_str)
%输入 num_str 为电话号码字符串
%输出为相应的拨号音效矩阵
%如果不给出输出变量，则从声卡输出拨号音频
freq_low = [697 770 852 941];        %低频频率
freq_Hgh = [1209 1336 1477];          %高频频率
time_of_num = 0.3;                     %每个号码的双音多频拨号音持续时间
Fs = 8000;                             %信号采集率
```

```
wav = inline('0.25 * sin(2 * pi * p(1) * [1/p(3):1/p(3):p(4)])+0.25 * sin(2 * pi * p(2) * [1/p(3):1/p(3):p(4)])','p');
%P = [fL,fH,time_of_num]
%参数的含义:[高频率,低频率,采样率,持续时间]
XX = [ ];                              %提高运行速度
for k = 1:length(num_str)
    switch num_str(k)                  %根据拨号确定双音频对
        case '1'
            fL = freq_low(1);fH = freq_Hgh(1);
        case '2'
            fL = freq_low(1);fH = freq_Hgh(2);
        case '3'
            fL = freq_low(1);fH = freq_Hgh(3);
        case '4'
            fL = freq_low(2);fH = freq_Hgh(1);
        case '5'
            fL = freq_low(2);fH = freq_Hgh(2);
        case '6'
            fL = freq_low(2);fH = freq_Hgh(3);
        case '7'
            fL = freq_low(3);fH = freq_Hgh(1);
        case '8'
            fL = freq_low(3);fH = freq_Hgh(2);
        case '9'
            fL = freq_low(3);fH = freq_Hgh(3);
        case '0'
            fL = freq_low(4);fH = freq_Hgh(2);
        case '*'
            fL = freq_low(4);fH = freq_Hgh(1);
        case '#'
            fL = freq_low(4);fH = freq_Hgh(3);
        otherwise
            error('输入号码错误');
    end
    X = wav([fL,fH,Fs,time_of_num]);    %产生拨号频率信号
    X = [X,zeros(1,Fs * 0.1)];          %添加拨号间隔
    XX = [XX,X];                        %多个拨号顺序合成
end
if nargout == 1
    y = XX;                             %返回
else                                    %如果无返回变量,则播放声音,并作波形图
    sound(XX,Fs);
    plot([1:length(XX)]./Fs,XX);
    axis([0 length(XX)/Fs -1 1]);
    xlabel('time(sec)');
    title(['The telephone number is : ',num_str]);
end
```

将上述代码编辑并保存为 xhphone.m 文件后,执行:

```
xhphone('8765123*');
```

从声卡输出双音多频拨号音,并显示拨号波形,如图 5-1 所示。

将拨号声音保存为 WAV 文件:xhtelephonenum8765123*.wav。

```
y=xhphone('8765123*');
wavwrite(y,8000,'C:\xhtelephonenum8765123*.wav');
```

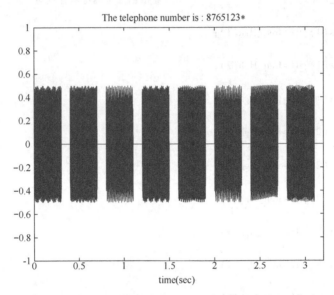

图 5-1　电话号码 8765123* 的拨号波形

5.2　IIR 数字滤波器的设计

5.2.1　实验目的

1)初步了解 MATLAB 信号处理工具箱中 IIR (Infinite Impulse Response,无限脉冲响应)数字滤波器设计的常用函数。

2)学习编写简单的 IIR 数字滤波器设计程序。

5.2.2　实验原理

1. buttord( )

功能:确定巴特沃思(Butterworth)滤波器的阶数和 3 dB 截止频率。

调用格式:

[n,wn]=buttord(wp,ws,Rp,As);	%计算巴特沃思数字滤波器的阶数和 3 dB 截止频率。其 %中,$0 \leqslant w_p$(或 w_s)$\leqslant 1$,其值为 1 时,表示 $0.5F_s$(取样 %频率)。R_p 为通带最大衰减指标,A_s 为阻带最小衰减 %指标

[n,wn] = buttord(wp,ws,Rp,As,'s');	%计算巴特沃思模拟滤波器的阶数和 3 dB 截止频率 %w_p 和 w_s 可以是实际的频率值或角频率值,w_n 将取相 %同的量纲 %当 $w_p>w_s$ 时,为高通滤波器;当 w_p、w_s 为二元向量 %时,则为带通或带阻滤波器,此时 w_n 也为二元向量

2. cheb1ord( )

功能:确定切比雪夫(Chebyshev)Ⅰ型滤波器的阶数和通带截止频率。
调用格式:

[n,wn] = cheb1ord(wp,ws,Rp,As);	%计算切比雪夫Ⅰ型数字滤波器的阶数和通带 %截止频率。其中,$0 \leq w_p$(或 w_s)≤ 1,其值为 1 %时,表示 $0.5F_s$。R_p 为通带最大衰减指标,A_s %为阻带最小衰减指标
[n,wn] = cheb1ord(wp,ws,Rp,As,'s');	%计算切比雪夫Ⅰ型模拟滤波器的阶数和通带 %截止频率。w_p 和 w_s 可以是实际的频率值或 %角频率值,w_n 将取相同的量纲 %当 $w_p>w_s$ 时,为高通滤波器;当 w_p 和 w_s 为二元 %向量时,则为带通或带阻滤波器,此时 w_n 也为 %二元向量

3. cheb2ord( )

功能:确定切比雪夫Ⅱ型滤波器的阶数和阻带截止频率。
调用格式:

[n,wn] = cheb2ord(wp,ws,Rp,As);	%计算切比雪夫Ⅱ型数字滤波器的阶数和阻带 %截止频率。其中,$0 \leq w_p$(或 w_s)≤ 1,其值为 1 %时,表示 $0.5F_s$。R_p 为通带最大衰减指标,A_s %为阻带最小衰减指标
[n,wn] = cheb2ord(wp,ws,Rp,As,'s');	%计算切比雪夫Ⅱ型模拟滤波器的阶数和阻带 %截止频率。w_p 和 w_s 可以是实际的频率值或角 %频率值,w_n 将取相同的量纲 %当 $w_p>w_s$ 时,为高通滤波器;当 w_p 和 w_s 为二元向量 %时,则为带通或带阻滤波器,此时 w_n 也为二元向量

4. ellipord( )

功能:确定椭圆(ellipse)滤波器的阶数和通带截止频率。
调用格式:

[n,wn] = ellipord(wp,ws,Rp,As);	%计算椭圆数字滤波器的阶数和通带截止频率。 %其中,$0 \leq w_p$(或 w_s)≤ 1,其值为 1 时,表示 %$0.5F_s$。R_p 为通带最大衰减指标,A_s 为阻带最 %小衰减指标
[n,wn] = ellipord(wp,ws,Rp,As,'s');	%计算椭圆模拟滤波器的阶数和通带截止频率。 %w_p 和 w_s 可以是实际的频率值或角频率值,w_n %将取相同的量纲 %当 $w_p>w_s$ 时,为高通滤波器;当 w_p 和 w_s 为二元向量 %时,则为带通或带阻滤波器,此时 w_n 也为二元向量

5. butter( )

功能：设计巴特沃思模拟或数字滤波器。

调用格式：

[b,a]=butter(n,wn);　　%设计截止频率为 w_n 的 n 阶巴特沃思数字滤波器

$$H(z)=\frac{B(z)}{A(z)}=\frac{b(1)+b(2)z^{-1}+\cdots+b(n+1)z^{-n}}{1+a(2)z^{-1}+\cdots+a(n+1)z^{-n}}$$

其中，截止频率是振幅下降到 $1/\sqrt{2}$ 处的频率。$w_n \in [0,1]$，1 对应 $0.5F_s$（取样频率）。当 $w_n=[w_1,w_2]$ 时，产生数字带通滤波器。

[b,a]=butter(n,wn,'ftype');　　%可设计数字高通和带阻滤波器。当 ftype=high 时，设计数字
　　　　　　　　　　　　　　　　%高通滤波器；当 ftype=stop 时，设计数字带阻滤波器，此时
　　　　　　　　　　　　　　　　%$w_n=[w_1,w_2]$

[b,a]=butter(n,wn,'s');　　%设计截止频率为 w_n 的 n 阶巴特沃思模拟低通或带通滤波器。
　　　　　　　　　　　　　　%其中 $w_n>0$

$$H(s)=\frac{B(s)}{A(s)}=\frac{b(1)s^n+b(2)s^{n-1}+\cdots+b(n+1)}{s^n+a(2)s^{n-1}+\cdots+a(n+1)}$$

[b,a]=butter(n,wn,'ftype','s');　　%设计截止频率为 w_n 的 n 阶巴特沃思模拟高通或带阻滤
　　　　　　　　　　　　　　　　　%波器

[z,p,k]=butter(n,wn) 和 [z,p,k]=butter(n,wn,'ftype') 可得到巴特沃思滤波器的零极点增益表示。

[A,B,C]=butter(n,wn) 和 [A,B,C]=butter(n,wn,'ftype') 可得到巴特沃思滤波器的状态空间表示。

6. cheby1( )

功能：设计切比雪夫Ⅰ型滤波器（通带等波纹）。

调用格式：

[b,a]=cheby1(n,Rp,Wn);　　%设计截止频率为 w_n 的 n 阶切比雪夫Ⅰ型数字低通和带
　　　　　　　　　　　　　%通滤波器

[b,a]=cheby1(n,Rp,Wn,'ftype');　　%设计截止频率为 w_n 的 n 阶切比雪夫Ⅰ型数字高通和带
　　　　　　　　　　　　　　　　　%阻滤波器

[b,a]=cheby1(n,Rp,Wn,'s');　　%设计切比雪夫Ⅰ型模拟低通和带通滤波器

[b,a]=cheby1(n,Rp,Wn,'ftype','s');　　%设计模拟高通和带阻滤波器

[z,p,k]=cheby1(…);　　%可得到切比雪夫Ⅰ型滤波器的零极点增益表示

[A,B,C,D]=cheby1(…);　　%可得到切比雪夫Ⅰ型滤波器的状态空间表示

说明：切比雪夫Ⅰ型滤波器的通带内为等波纹，阻带内为单调。切比雪夫Ⅰ型滤波器的下降斜率比Ⅱ型大，其代价是通带内波纹较大。

与 butter( )函数类似，cheby1( )函数可设计数字域和模拟域的切比雪夫Ⅰ型滤波器。其通带内的波纹由 R_p（分贝值）确定。

7. cheby2( )

功能：设计切比雪夫Ⅱ型滤波器（阻带等波纹）。

调用格式：

[b,a]=cheby2(n,As,Wn);	%设计截止频率为 w_n 的 n 阶切比雪夫Ⅱ型数字低通和 %带通滤波器
[b,a]=cheby2(n,As,Wn,'ftype');	%设计截止频率为 w_n 的 n 阶切比雪夫Ⅱ型数字高通和 %带阻滤波器
[b,a]=cheby2(n,As,Wn,'s');	%设计切比雪夫Ⅱ型模拟低通和带通滤波器
[b,a]=cheby2(n,As,Wn,'ftype','s');	%设计切比雪夫Ⅱ型模拟高通和带阻滤波器
[z,p,k]=cheby2(…);	%可得到切比雪夫Ⅱ型滤波器的零极点增益表示
[A,B,C,D]=cheby2(…);	%可得到切比雪夫Ⅱ型滤波器的状态空间表示

说明：cheby2( )函数的通带内为单调，阻带内为等波纹，因此，由 A_s 确定阻带内的波纹。

8. ellip( )

功能：椭圆滤波器设计。

调用格式：

[b,a]=ellip (n,Rp,As,Wn);	%设计截止频率为 w_n 的 n 阶椭圆数字低通和带通滤 %波器
[b,a]=ellip (n,Rp,As,Wn,'ftype');	%设计截止频率为 w_n 的 n 阶椭圆数字高通和带阻滤 %波器
[b,a]=ellip (n,Rp,As,Wn,'s');	%设计椭圆模拟低通和带通滤波器
[b,a]=ellip (n,Rp,As,Wn,'ftype', 's');	%设计模拟高通和带阻滤波器
[z,p,k]=ellip (…);	%可得到椭圆滤波器的零极点增益表示
[A,B,C,D]=ellip (…);	%可得到椭圆滤波器的状态空间表示

Ellip( )函数可得到下降斜度更大的滤波器，但在通带和阻带内均为等波纹。椭圆滤波器能以最低阶数实现指定性能。

5.2.3 实验研究任务

IIR 数字滤波器的设计以模拟滤波器设计为基础，常用类型有巴特沃思、切比雪夫Ⅰ型、切比雪夫Ⅱ型、椭圆等。MATLAB 信号处理工具箱提供了这些类型的 IIR 数字滤波器设计子函数。

本实验采用 IIR 数字滤波器的直接设计法。

1. IIR 数字低通滤波器的设计

【例 5-2】已知数据采样频率为 1000 Hz，现要设计一 6 阶巴特沃思数字低通滤波器，截止频率为 200 Hz，绘制其幅频响应特性曲线和相频响应特性曲线，求解该滤波器的冲激响应。

解：绘制该滤波器的幅频响应特性曲线和相频响应特性曲线的程序如下。

```
[b,a]=butter(6,200/1000*2);    %Wn=fc/(Fs/2)
freqz(b,a,128,1000);
```

程序运行结果如图 5-2 所示。

若将上述程序改为

```
[b,a]=butter(6,200/1000*2);
impz(b,a);
```

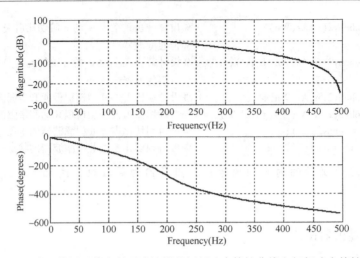

图 5-2 6 阶巴特沃思数字低通滤波器的幅频响应特性曲线和相频响应特性曲线

则显示该滤波器的冲激响应,如图 5-3 所示。

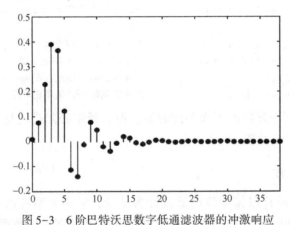

图 5-3 6 阶巴特沃思数字低通滤波器的冲激响应

【例 5-3】设计一个切比雪夫 I 型数字低通滤波器,要求通带 $f_p = 150\,\text{Hz}$,$R_p = 1\,\text{dB}$;阻带 $f_s = 250\,\text{Hz}$,$A_s = 20\,\text{dB}$;滤波器采样频率 $F_s = 1000\,\text{Hz}$。请绘制其相对幅频响应特性曲线和相频响应特性曲线。

解:绘制该滤波器的相对幅频响应特性曲线和相频响应特性曲线的程序如下,运行结果如图 5-4 所示。

```
fp = 150; fs = 250; Fs = 1000;                  %输入已知技术指标
wp = fp/Fs * 2;                                 %数字低通滤波器的通带截止频率
ws = fs/Fs * 2;                                 %数字低通滤波器的阻带截止频率
Rp = 1; As = 20;                                %输入滤波器的通、阻带衰减指标
[n,wc] = cheb1ord(wp,ws,Rp,As);                 %计算数字滤波器的阶数 n 和截止频率 wc
[b,a] = cheby1(n,Rp,wc)                         %求滤波器的系数
[H,w] = freqz(b,a);                             %求频率响应特性
dbH = 20 * log10(abs(H)/max(abs(H)));           %化为归一化的分贝值
```

```
subplot(2,1,1),plot(w/pi,dbH);           %作相对幅频响应特性曲线,横轴为归一化的
                                          %数字频率
title('振幅响应');axis([0,1,-60,5]);
ylabel('dB');
set(gca,'XTickMode','manual','XTick',[0,wp,ws,1]);
set(gca,'YTickMode','manual','YTick',[-40,-20,0]);grid
subplot(2,1,2),plot(w/pi,angle(H));      %作相频响应特性曲线
title('相位响应');axis([0,1,-pi,pi]);
ylabel('\phi');
set(gca,'XTickMode','manual','XTick',[0,wp,ws,1]);
set(gca,'YTickMode','manual','YTick',[-pi,0,pi]);grid
```

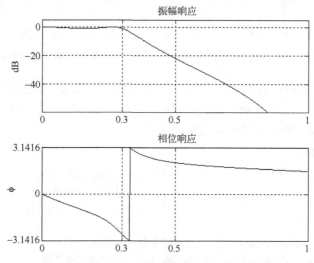

图 5-4　切比雪夫 I 型数字低通滤波器的相对幅频响
应特性曲线和相频响应特性曲线

2. IIR 数字高通滤波器的设计

【例 5-4】 设计一个 3 阶切比雪夫 I 型数字高通滤波器,已知截止频率 $\omega_c=0.4$,通带衰减 $R_p=1\,\text{dB}$,阻带衰减 $A_s=20\,\text{dB}$。要求画出其绝对和相对幅频响应特性曲线。

解：绘制该滤波器的绝对和相对幅频响应特性曲线的程序如下。

```
wc=0.4;n=3;Rp=1;                         %输入已知技术指标
[b,a]=cheby1(n,Rp,wc,'high');            %求数字高通滤波器的系数
[db,mag,pha,grd,w]=freqz_m(b,a);         %求频率响应特性
subplot(2,1,1);plot(w/pi,mag);           %作绝对幅频响应特性曲线
axis([0 1 -0.1 1.2]);grid
ylabel('|H(jw)|');
subplot(2,1,2);plot(w/pi,db);            %作相对幅频响应特性曲线
axis([0 1 -150 10]);grid;
ylabel('G/dB');
```

程序运行结果如图 5-5 所示。注意,阻带衰减 $A_s=20\,\text{dB}$ 并未在上述程序中体现,这一条件可在检查结果时使用。

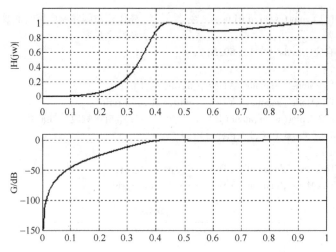

图 5-5 切比雪夫 I 型数字高通滤波器绝对和相对幅频响应特性曲线

【例 5-5】采用 MATLAB 直接法设计一个巴特沃思数字高通滤波器,要求 $\omega_p = 0.4\pi$, $R_p = 1\,\text{dB}$,$\omega_s = 0.25\pi$,$A_s = 20\,\text{dB}$,滤波器采样频率 $F_s = 200\,\text{Hz}$。请绘制其幅频响应特性曲线和相频响应特性曲线,列写系统传递函数表达式。

解:绘制程序如下。

```
ws = 0.25;                          %数字高通滤波器的阻带截止频率
wp = 0.4;                           %数字高通滤波器的通带截止频率
Rp = 1; As = 20;                    %输入滤波器的通、阻带衰减指标
Fs = 200;
[n,wc] = buttord(wp,ws,Rp,As)       %计算阶数 n 和截止频率 wc
[b,a] = butter(n,wc,'high')         %直接求数字高通滤波器系数
freqz(b,a);                         %求数字高通滤波器系统的频率响应特性
```

上述程序执行结果如图 5-6a 所示。从该分图中可知,横轴是归一化的频率坐标,其单位是 π,长度对应采样频率的一半。如果要显示实际的频率,则可以将最后一条语句改为

```
freqz(b,a,512,Fs);
```

修改后的程序执行结果如图 5-6b 所示。从该分图中可知,横轴是实际的频率坐标,其单位为 Hz,长度对应采样频率的一半。两个分图表示的内容完全一致,二者的区别是频率轴(横轴)的标注。

该系统的

```
n = 6
wc = 0.3475
b =  0.1049  -0.6291   1.5728  -2.0971   1.5728  -0.6291   0.1049
a =  1.0000  -1.8123   2.0099  -1.2627   0.5030  -0.1116   0.0110
```

传递函数应为

$$H(z) = \frac{0.1049 - 0.6291z^{-1} + 1.5728z^{-2} - 2.0971z^{-3} + 1.5728z^{-4} - 0.6291z^{-5} + 0.1049z^{-6}}{1 - 1.8123z^{-1} + 2.0099z^{-2} - 1.2627z^{-3} + 0.503z^{-4} - 0.1116z^{-5} + 0.011z^{-6}}$$

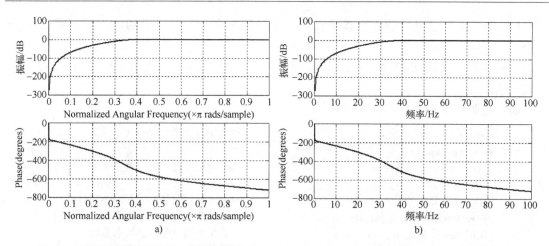

图 5-6 利用直接法设计的巴特沃思数字高通滤波器的幅频响应特性曲线和相频响应特性曲线

3. IIR 数字带通滤波器的设计

【例 5-6】设计一个 3 阶椭圆数字带通滤波器,已知截止频率 $\omega_{c1}=0.3\pi$,$\omega_{c2}=0.7\pi$,通带衰减 $R_p=1$ dB;阻带衰减 $A_s=30$ dB。要求画出其相对幅频响应特性曲线和相频响应特性曲线。

解:绘制程序如下,运行结果如图 5-7 所示。

```
wc1=0.3;wc2=0.7;n=3;As=30;Rp=1;              %输入已知技术指标
[b,a]=ellip(n,Rp,As,[wc1 wc2]);              %求数字滤波器的系数
[db,mag,pha,grd,w]=freqz_m(b,a);             %求数字滤波器的频率响应特性
subplot(2,1,1);plot(w/pi,db);                %作相对幅频响应特性曲线
axis([0,1,-60,+1]);
ylabel('G/dB');grid
subplot(2,1,2);plot(w/pi,pha);               %作相频响应特性曲线
ylabel('Φ(jω)');grid;
```

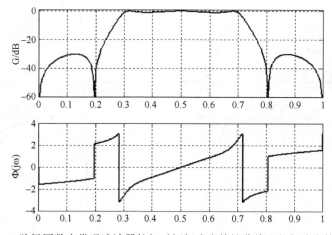

图 5-7 3 阶椭圆数字带通滤波器的相对幅频响应特性曲线和相频响应特性曲线

注意:对于设计指标要求为 3 阶的带通或带阻 IIR 数字滤波器,即 $n=3$,由于默认采用双线性设计法由低通滤波器计算求得,因此设计结果实际为 6 阶。

183

【例 5-7】 采用 MATLAB 直接法设计一个切比雪夫 I 型数字带通滤波器，要求 $\omega_{p1} = 0.25\pi$，$\omega_{p2} = 0.75\pi$，$R_p = 1\,dB$，$\omega_{s1} = 0.15\pi$，$\omega_{s2} = 0.85\pi$，$A_s = 20\,dB$。要求绘制滤波器归一化的绝对与相对幅频响应特性曲线，以及相频响应特性曲线和零极点分布图，列出系统传递函数表达式。

解： 绘制程序如下。

```
wp1 = 0.25;wp2 = 0.75;                          %数字滤波器的通带截止频率
wp = [wp1,wp2];
ws1 = 0.15;ws2 = 0.85;                          %数字滤波器的阻带截止频率
ws = [ws1,ws2];
Rp = 1;As = 20;                                 %输入滤波器的通、阻带衰减指标
[n,wc] = cheb1ord(wp,ws,Rp,As);                 %计算阶数 n 和截止频率 wc
[b,a] = cheby1(n,Rp,wc);                        %直接求数字带通滤波器系数
[H,w] = freqz(b,a);                             %求数字滤波器的频率响应特性
dbH = 20 * log10((abs(H)+eps)/max(abs(H)));     %化为分贝值
subplot(2,2,1),plot(w/pi,abs(H));
subplot(2,2,2),plot(w/pi,angle(H));
subplot(2,2,3),plot(w/pi,dbH);
subplot(2,2,4),zplane(b,a);
```

上述程序执行结果为

```
n =   3
wc =  0.2500    0.7500
b  =  0.1321    0    -0.3964    0    0.3964    0    -0.1321
a  =  1.0000    0     0.3432    0    0.6044    0     0.2041
```

绘制结果如图 5-8 所示。

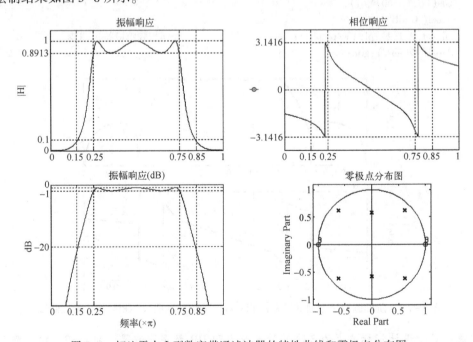

图 5-8 切比雪夫 I 型数字带通滤波器的特性曲线和零极点分布图

由图 5-8 可知，这是一个归一化的频率响应特性曲线，基本满足通、阻带设计指标。该系统是一个 6 阶切比雪夫 I 型数字带通滤波器，其传递函数为

$$H(z) = \frac{0.1321 - 0.3964z^{-2} + 0.3964z^{-4} - 0.1321z^{-6}}{1 + 0.3432z^{-2} + 0.6044z^{-4} + 0.2041z^{-6}}$$

4. IIR 数字带阻滤波器的设计

【例 5-8】设计一个 3 阶切比雪夫 II 型数字带阻滤波器，已知截止频率 $\omega_{c1} = 0.25\pi$，$\omega_{c2} = 0.75\pi$，通带衰减 $R_p = 1$ dB；阻带衰减 $A_s = 30$ dB。要求画出其相对幅频响应特性曲线和相频响应特性曲线。

解：绘制程序如下，运行结果如图 5-9 所示。

```
wc1 = 0.25;wc2 = 0.75;n = 3;As = 30;        %输入设计指标
[b,a] = cheby2(n,As,[wc1 wc2],'stop');      %求数字滤波器的系数
[db,mag,pha,grd,w] = freqz_m(b,a);          %求数字滤波器的频率响应特性
subplot(2,1,1);plot(w/pi,db);               %作相对幅频响应特性曲线
axis([0,1,-60,+1]);
ylabel('G/dB');grid
subplot(2,1,2);plot(w/pi,pha);              %作相频响应特性曲线
ylabel('Φ(jω)');grid;
```

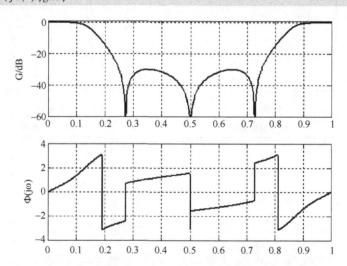

图 5-9　3 阶切比雪夫 II 型数字带阻滤波器的相对幅频响应
特性曲线和相频响应特性曲线

【例 5-9】采用 MATLAB 直接法设计一个切比雪夫 II 型数字带阻滤波器，要求 $f_{p1} = 1.5$ kHz，$f_{p2} = 8.5$ kHz，$R_p = 1$ dB，$f_{s1} = 2.5$ kHz，$f_{s2} = 7.5$ kHz，$A_s = 20$ dB，滤波器采样频率 $F_s = 20$ kHz。请绘制该滤波器的绝对与相对幅频响应特性曲线，以及相频响应特性曲线和零极点分布图，列出系统的传递函数。

解：本例题给出的条件是实际频率，在编程时，先要将它转换为数字频率，再将求出的结果再转换为实际频率来标注。绘制代码如下（省略作图语句）。

```
Fs=20;Rp=1;As=20;                    %输入设计指标
wp1=1.5/(Fs/2);wp2=8.5/(Fs/2);       %数字滤波器的通带截止频率
wp=[wp1,wp2];
ws1=2.5/(Fs/2);ws2=7.5/(Fs/2);       %数字滤波器的阻带截止频率
ws=[ws1,ws2];
[n,wc]=cheb2ord(wp,ws,Rp,As)         %计算阶数 n 和截止频率 wc
[b,a]=cheby2(n,As,wc,'stop')         %直接求数字滤波器的系数
[H,w]=freqz(b,a,512,Fs);             %求数字滤波器的频率响应特性
```

上述程序执行结果为

```
n =    3
wc =  0.2401    0.7599
b  =  0.1770  0   0.2059  0  0.2059  0   0.1770
a  =  1.0000  0  -0.7134  0  0.5301  0  -0.0509
```

绘制结果如图 5-10 所示。

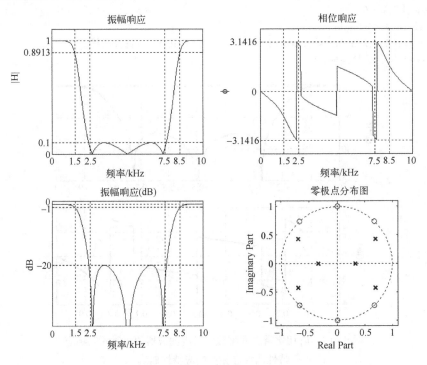

图 5-10 切比雪夫 II 型数字带阻滤波器的
特性曲线和零极点分布图

从图 5-10 中可以看出，这是一个实际的频率响应特性曲线，横轴上使用实际频率，以 kHz 为单位。频率响应特性基本满足通、阻带设计指标。该系统是一个 6 阶切比雪夫 II 型数字带阻滤波器，其传递函数为

$$H(z) = \frac{0.177 + 0.2059z^{-2} + 0.2059z^{-4} + 0.177z^{-6}}{1 - 0.7134z^{-2} + 0.5301z^{-4} - 0.0509z^{-6}}$$

5.3 FIR 数字滤波器的设计

5.3.1 实验目的

1）了解 FIR（Finite Impulse Response，有限脉冲响应）数字滤波器及其窗函数设计法的特点。

2）学习用窗函数法编写简单的 FIR 数字滤波器设计程序。

5.3.2 实验原理

1. boxcar( )

功能：产生矩形窗函数（或称矩形窗）。

调用格式：

> w = boxcar(n)

说明：boxcar(n)函数可产生一长度为 n 的矩形窗函数。

2. triang( )

功能：产生三角窗函数。

调用格式：

> w = triang(n)

说明：triang(n)函数可得到 n 点的三角窗函数，其表达式如下。

当 n 为奇数时，有

$$w(k) = \begin{cases} \dfrac{2k}{n+1}, & 1 \leq k \leq \dfrac{n+1}{2} \\ \dfrac{2(n-k+1)}{n+1}, & \dfrac{n+1}{2} < k \leq n \end{cases}$$

当 n 为偶数时，有

$$w(k) = \begin{cases} \dfrac{2k-1}{n}, & 1 \leq k \leq \dfrac{n}{2} \\ \dfrac{2(n-k+1)}{n}, & \dfrac{n}{2} < k \leq n \end{cases}$$

3. Bartlett( )

功能：产生 Bartlett（巴特利特）窗函数。

调用格式：

> w = Bartlett(n)

说明：Bartlett(n)可得到 n 点的巴特利特窗函数，其表达式为

$$w(k) = \begin{cases} \dfrac{2(k-1)}{n-1}, & 1 \leq k \leq \dfrac{n+1}{2} \\ 2 - \dfrac{2(k-1)}{n-1}, & \dfrac{n+1}{2} < k \leq n \end{cases}$$

4. hamming( )

功能：产生 Hamming（汉明）窗函数。

调用格式：

> w = hamming(n)

说明：hamming(n)可产生 n 点的汉明窗函数，其表达式为

$$w(k+1) = 0.54 - 0.46\cos\left(2\pi\frac{k}{n-1}\right), \quad k = 0, 1, \cdots, n-1$$

5. hanning( )

功能：产生 Hanning（汉宁）窗函数。

调用格式：

> w = hanning(n)

说明：hanning(n)可产生 n 点的汉宁窗函数，其表达式为

$$w(k) = 0.5\left[1 - \cos\left(2\pi\frac{k}{n+1}\right)\right], \quad k = 1, \cdots, n$$

6. blackman( )

功能：产生 Blackman（布莱克曼）窗函数。

调用格式：

> w = blackman(n)

说明：blackman(n)可产生 n 点的布莱克曼窗函数，其表达式为

$$w(k) = 0.42 - 0.5\cos\left(2\pi\frac{k-1}{n-1}\right) + 0.08\cos\left(4\pi\frac{k-1}{n-1}\right), \quad k = 1, 2, \cdots, n$$

与等长度的汉明窗函数和汉宁窗函数相比，布莱克曼窗函数的主瓣稍宽，旁瓣稍低。

7. chebwin( )

功能：产生 Chebyshev（切比雪夫）窗函数。

调用格式：

> w = chebwin(n,r)

说明：w = chebwin(n,r)可产生 n 点的切比雪夫窗函数，其傅里叶变换后的旁瓣波纹低于主瓣 rdB。注意，当 n 为偶数时，窗函数的长度为 $n+1$。

8. kaiser( )

功能：产生 Kaiser（凯塞）窗函数。

调用格式：

> w = kaiser(n,beta)

说明：w = kaiser(n,beta)可产生 n 点的凯塞窗函数，其中 beta 为影响窗函数旁瓣的 β 参数，其最小的旁瓣抑制 α 与 β 之间的关系为

$$\beta = \begin{cases} 0.1102(\alpha - 0.87), & \alpha > 50 \\ 0.5842(\alpha - 21)^{0.4} + 0.07886(\alpha - 21), & 21 \leqslant \alpha \leqslant 50 \\ 0, & \alpha < 21 \end{cases}$$

增加 β 可使主瓣变宽，旁瓣的振幅降低。

9. fir1( )

功能：基于窗函数的 FIR 数字滤波器设计——标准频率响应。以经典方法实现加窗线性相位 FIR 数字滤波器设计，可以设计出标准的低通、带通、高通和带阻滤波器。

调用格式：

```
b=fir1(n,Wn);          %设计截止频率为 Wn 的汉明加窗线性相位 FIR 数字滤波器，滤波器系数包
                       %含在 b 中
```

当 $0 \leq W_n \leq 1$（$W_n = 1$ 相应于 $0.5F_s$）时，可得到 n 阶低通 FIR 数字滤波器。当 $W_n = [W_1, W_2]$ 时，fir1( ) 函数可得到带通滤波器，其通带为 $\omega_1 < \omega < \omega_2$。

```
b=fir1(n,Wn,'ftype');   %可设计高通和带阻 FIR 数字滤波器，由 ftype 决定
```

1) 当 ftype=high 时，可设计高通 FIR 数字滤波器。

2) 当 ftype=stop 时，可设计带阻 FIR 数字滤波器。

在设计高通和带阻 FIR 数字滤波器时，fir1( ) 函数总是使用偶对称 N 为奇数（即第一类线性相位 FIR 数字滤波器）的结构，因此，当输入的阶次为偶数时，fir1( ) 函数会自动加 1。

```
b=fir1(n,Wn,Window);    %可利用列矢量 Window 中指定的窗函数进行滤波器设计，Window
                        %长度为 n+1。如果不指定 Window 参数，则 fir1( ) 函数采用汉明
                        %窗函数
b=fir1(n,Wn,'ftype',Window);%可利用 ftype 和 Window 参数，设计各种加窗的 FIR 数字滤波器
```

由 fir1( ) 函数设计的 FIR 数字滤波器的群延迟为 $n/2$。

5.3.3 实验研究任务

1. 运用窗函数法设计 FIR 数字滤波器

与 IIR 数字滤波器相比，FIR 数字滤波器在保证振幅特性满足技术要求的同时，很容易做到有严格的线性相位特性。设 FIR 数字滤波器单位脉冲响应 $h(n)$ 长度为 N，则其系统函数 $H(z)$ 为

$$H(z) = \sum_{n=0}^{N-1} h(n) z^{-n}$$

FIR 数字滤波器的设计任务是选择有限长度的 $h(n)$，使传递函数 $H(e^{j\omega})$ 满足技术要求。其主要设计方法有窗函数法、频率采样法和切比雪夫等波纹逼近法。本实验主要介绍如何使用窗函数法设计 FIR 数字滤波器。

【例 5-10】 在同一图形坐标系上，显示矩形窗、三角窗、汉宁窗、汉明窗、布莱克曼窗和凯塞窗的特性曲线。

解： 绘制程序如下，运行结果如图 5-11 所示。对于图 5-11 中展示的各条曲线，MATLAB 原本自动用不同颜色标出，但由于黑白印刷无法分辨，因此作者改为用不同线型表示。

```
N=64; beta=7.865;n=1:N;         %输入 N、凯塞窗需要的 β 值
wbo=boxcar(N);                  %矩形窗
wtr=triang(N);                  %三角窗
whn=hanning(N);                 %汉宁窗
```

```
whm = hamming(N);                                          %汉明窗
wbl = blackman(N);                                         %布莱克曼窗
wka = kaiser(N,beta);                                      %凯塞窗
plot(n',[wbo,wtr,whn,whm,wbl,wka]);                        %在同一界面上作图
axis([0,N,0,1.1]);
legend('矩形窗','三角窗','汉宁窗','汉明窗','布莱克曼窗','凯塞窗')   %线型标注
```

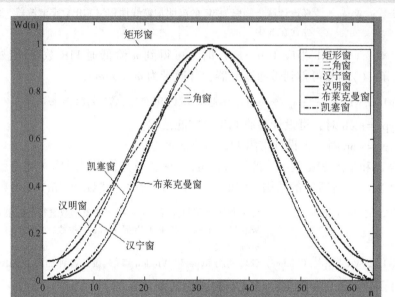

图 5-11 常用窗函数形状比较

为了便于滤波器设计，表 5-2 给出了 6 种窗函数的特性参数。

表 5-2 6 种窗函数的特性参数表

窗 函 数	旁瓣峰值/dB	近似过渡带宽	精确过渡带宽	阻带最小衰减/dB
矩形窗	-13	$4\pi/N$	$1.8\pi/N$	21
三角窗	-25	$8\pi/N$	$6.1\pi/N$	25
汉宁窗	-31	$8\pi/N$	$6.2\pi/N$	44
汉明窗	-41	$8\pi/N$	$6.6\pi/N$	53
布莱克曼窗	-57	$12\pi/N$	$11\pi/N$	74
凯塞窗	-57	—	$10\pi/N$	80

2. FIR 数字低通滤波器的设计

【例 5-11】设计一个 10 阶 FIR 数字低通滤波器，要求通带为 $\omega<0.35\pi$。

解：其程序如下。

```
b = fir1(10,0.35);
freqz(b,1,512)
```

可得到如图 5-12 所示的 FIR 数字低通滤波器特性。由上述程序可知，该滤波器采用了默认的汉明窗。

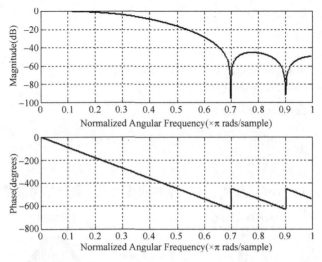

图 5-12 例 5-11 对应的 FIR 数字低通滤波器特性

【例 5-12】用 MATLAB 提供的子函数 fir1( ) 设计一个 FIR 数字低通滤波器，要求通带截止频率 $\omega_p = 0.3\pi$，$R_p = 0.05\,\text{dB}$；阻带截止频率 $\omega_s = 0.45\pi$，$A_s = 50\,\text{dB}$。描绘该滤波器的实际脉冲响应、窗函数特性，以及滤波器的幅频响应特性曲线和相频响应特性曲线。

解：查表 5-2，选择汉明窗。绘制程序如下。

```
%FIR 数字低通滤波器
wp=0.3;ws=0.45;                        %输入设计指标
deltaw=ws-wp;                          %计算过渡带的宽度
N0=ceil(6.6/deltaw);                   %按汉明窗函数计算滤波器长度 N0
N=N0+mod(N0+1,2)                       %为了实现 FIR 类型 I 偶对称滤波器，应确保 N 为奇数
windows=hamming(N);                    %使用汉明窗
wc=(ws+wp)/2;                          %截止频率取归一化通、阻带频率的平均值
b=fir1(N-1,wc,windows);                %用子函数 fir1( ) 求系统函数系数
[db,mag,pha,grd,w]=freqz_m(b,1);       %求解频率响应特性
n=0:N-1;dw=2/1000;                     %dw 为频率分辨率,将 0~2π 分为 1000 份
Rp=-(min(db(1:wp/dw+1)))                %检验通带波动
As=-round(max(db(ws/dw+1:501)))         %检验最小阻带衰减
%作图
subplot(2,2,1),stem(n,b);
axis([0,N,1.1*min(b),1.1*max(b)]);title('实际脉冲响应');
xlabel('n');ylabel('h(n)');
subplot(2,2,2),stem(n,windows);
axis([0,N,0,1.1]);title('窗函数特性');
xlabel('n');ylabel('wd(n)');
subplot(2,2,3),plot(w/pi,db);
axis([0,1,-80,10]);title('幅频响应特性');
xlabel('频率(×\pi)');ylabel('H(e^(j\omega))');
set(gca,'XTickMode','manual','XTick',[0,wp,ws,1]);
set(gca,'YTickMode','manual','YTick',[-50,-20,-3,0]);grid
subplot(2,2,4),plot(w/pi,pha);
```

```
axis([0,1,-4,4]);
title('相频响应特性');
xlabel('频率(×\pi)');ylabel('\phi(\omega)');
set(gca,'XTickMode','manual','XTick',[0,wp,ws,1]);
set(gca,'YTickMode','manual','YTick',[-pi,0,pi]);grid
```

在 MATLAB 命令窗口中，将显示

```
N  =  45
Rp =   0.0428
As =  50
```

绘制结果如图 5-13 所示。由 R_p、A_s 数据和曲线可见，设计结果满足指标要求。

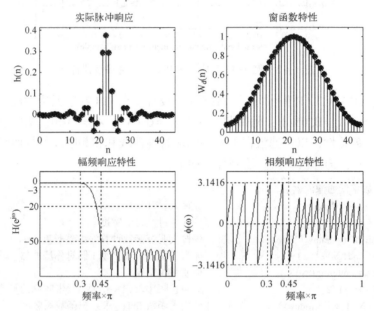

图 5-13　例 5-12 对应的 FIR 数字低通滤波器特性

3. FIR 数字高通滤波器的设计

【例 5-13】设计一个 34 阶 FIR 数字高通滤波器，要求截止频率为 0.48π，并使用具有 30 dB 波纹的切比雪夫窗。

解：其程序如下。

```
Window=chebwin(35,30);          %窗函数取 N+1 阶
b=fir1(34,0.48,'high',Window);
freqz(b,1,512)
```

运行上述程序后，可得如图 5-14 所示的 FIR 数字高通滤波器特性。

【例 5-14】用 MATLAB 提供的子函数 fir1( ) 设计一个 FIR 数字高通滤波器，要求通带截止频率 $f_p = 450$ Hz，$R_p = 0.5$ dB；阻带截止频率 $f_s = 300$ Hz，$A_s = 20$ dB；采样频率 $F_s = 2000$ Hz。描绘该滤波器的实际脉冲响应、窗函数特性，以及幅频响应特性曲线和相频响应特性曲线。

解：查表 5-2，选择三角窗。绘制程序如下。

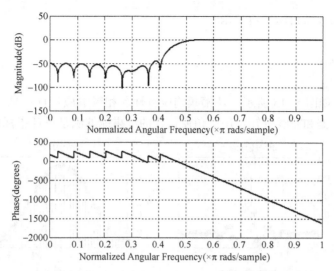

图 5-14　例 5-13 对应的 FIR 数字高通滤波器特性

```
%FIR 数字高通滤波器
fs=300;fp=450;Fs=2000;              %输入设计指标
wp=fp/(Fs/2);ws=fs/(Fs/2);          %计算归一化角频率
deltaw=wp-ws;                       %计算过渡带的宽度
N0=ceil(6.1/deltaw);                %按三角窗函数计算滤波器长度 N0
N=N0+mod(N0+1,2)                    %为了实现 FIR 类型 I 偶对称滤波器,应确保 N 为奇数
windows=triang(N);                  %使用三角窗
wc=(ws+wp)/2;                       %截止频率取归一化通、阻带频率的平均值
b=fir1(N-1,wc,'high',windows);
[db,mag,pha,grd,w]=freqz_m(b,1);    %求解频率响应特性
n=0:N-1;dw=2/1000;                  %dw 为频率分辨率,将 0~2π 分为 1000 份
Rp=-(min(db(wp/dw+1:501)))          %检验通带波动
As=-round(max(db(1:ws/dw+1)))       %检验最小阻带衰减
%作图
subplot(2,2,1),stem(n,b);
axis([0,N,1.1*min(b),1.1*max(b)]);title('实际脉冲响应');
xlabel('n');ylabel('h(n)');
subplot(2,2,2),stem(n,windows);
axis([0,N,0,1.1]);title('窗函数特性');
xlabel('n');ylabel('wd(n)');
subplot(2,2,3),plot(w/2/pi*Fs,db);
axis([0,Fs/2,-40,2]);title('幅频响应特性');
xlabel('f/Hz');ylabel('H(e^(j\omega))');
set(gca,'XTickMode','manual','XTick',[0,fs,fp,Fs/2]);
set(gca,'YTickMode','manual','YTick',[-20,-3,0]);grid
subplot(2,2,4),plot(w/2/pi*Fs,pha);
axis([0,Fs/2,-4,4]);title('相频响应特性');
xlabel('f/Hz');ylabel('\phi(\omega)');
set(gca,'XTickMode','manual','XTick',[0,fs,fp,Fs/2]);
set(gca,'YTickMode','manual','YTick',[-pi,0,pi]);grid
```

在 MATLAB 命令窗口中，将显示

```
N  = 41
Rp =  0.3625
As =  25
```

程序运行结果如图 5-15 所示。从幅频响应特性和相频响应特性可见，横轴采用了实际频率。由 R_p、A_s 数据和曲线可知，用三角窗设计的结果能够满足设计指标要求。

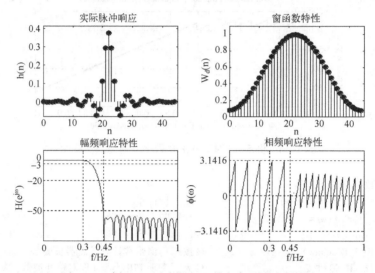

图 5-15　例 5-14 对应的 FIR 数字高通滤波器特性

4. FIR 数字带通滤波器的设计

【例 5-15】用汉宁窗设计一个 48 阶 FIR 数字带通滤波器，要求通带为 $0.35\pi<\omega<0.65\pi$。

解：其程序如下，可得如图 5-16 所示的 FIR 数字带通滤波器特性。

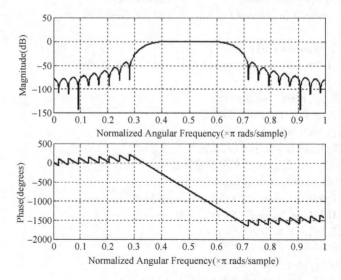

图 5-16　例 5-15 对应的 FIR 数字带通滤波器特性

```
Window=hanning(49);              %窗函数取 N+1 阶
b=fir1(48,[0.35 0.65],Window);
freqz(b,1,512)
```

【例 5-16】 用 MATLAB 信号处理箱提供的子函数 fir1( )设计一个 FIR 数字带通滤波器，要求下阻带截止频率 $f_{s1}=100\,\text{Hz}$，$A_s=65\,\text{dB}$；通带低端截止频率 $f_{p1}=150\,\text{Hz}$，$R_p=0.05\,\text{dB}$；通带高端截止频率 $f_{p2}=350\,\text{Hz}$，$R_p=0.05\,\text{dB}$；上阻带截止频率 $f_{s2}=400\,\text{Hz}$，$A_s=65\,\text{dB}$；采样频率 $F_s=1000\,\text{Hz}$。描绘该滤波器的实际脉冲响应、窗函数特性，以及幅频响应特性曲线和相频响应特性曲线。

解： 查表 5-2，选择布莱克曼窗。程序如下（省略作图程序部分）。

```
%FIR 数字带通滤波器
fp1=150;fp2=350;                        %输入设计指标
fs1=100;fs2=400;Fs=1000;
wp1=fp1/(Fs/2);wp2=fp2/(Fs/2);          %计算归一化角频率
ws1=fs1/(Fs/2);ws2=fs2/(Fs/2);
deltaw=wp1-ws1;                         %计算过渡带的宽度
N0=ceil(11/deltaw);                     %按布莱克曼窗函数计算滤波器长度 N0
N=N0+mod(N0+1,2);                       %为了实现 FIR 类型 I 偶对称滤波器，应确保 N
                                        %为奇数
windows=blackman(N);                    %使用布莱克曼窗
wc1=(ws1+wp1)/2;wc2=(ws2+wp2)/2;        %截止频率取通、阻带频率的平均值
b=fir1(N-1,[wc1,wc2],windows);          %用子函数 fir1( )求系统函数系数
[db,mag,pha,grd,w]=freqz_m(b,1);        %求解频率特性
n=0:N-1;dw=2/1000;                      %dw 为频率分辨率
Rp=-(min(db(wp1/dw+1:wp2/dw+1)));       %检验通带波动
ws0=[1:ws1/dw+1,ws2/dw+1:501];          %建立阻带频率样点数组
As=-round(max(db(ws0)))                 %检验最小阻带衰减
```

在 MATLAB 命令窗口中，将显示

```
N  =   111
Rp =   0.0033
As =   73
```

程序运行结果如图 5-17 所示。

由 R_p、A_s 数据和曲线可见，用布莱克曼窗设计的结果完全能够满足设计指标要求。注意，该曲线使用了实际频率单位。

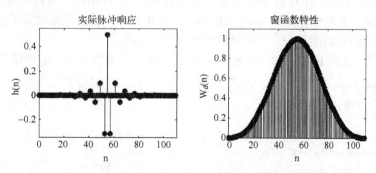

图 5-17　例 5-16 对应的 FIR 数字带通滤波器特性

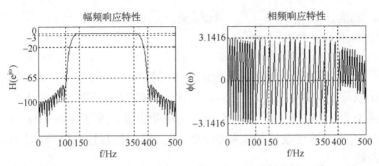

图 5-17 例 5-16 对应的 FIR 数字带通滤波器特性（续）

5. FIR 数字带阻滤波器的设计

【例 5-17】 用矩形窗设计一个 30 阶 FIR 数字带阻滤波器，要求阻带为 $0.3\pi<\omega<0.7\pi$。

解： 其程序如下，可得如图 5-18 所示的 FIR 数字带阻滤波器特性。

```
Window=boxcar(31);              %窗函数取 N+1 阶
b=fir1(30,[0.3 0.7],'stop',Window);
freqz(b,1,512)
```

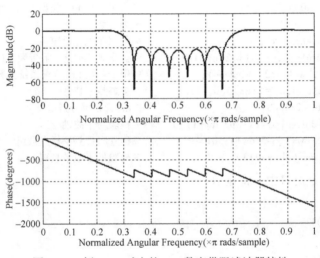

图 5-18 例 5-17 对应的 FIR 数字带阻滤波器特性

【例 5-18】 用凯塞窗设计一个长度为 75 的 FIR 数字带阻滤波器，要求下通带截止频率 $\omega_{p1}=0.2\pi$，$R_p=0.1\text{dB}$；阻带低端截止频率 $\omega_{s1}=0.3\pi$，$A_s=60\text{dB}$；阻带高端截止频率 $\omega_{s2}=0.7\pi$，$A_s=60\text{dB}$；上通带截止频率 $\omega_{p2}=0.8\pi$，$R_p=0.1\text{dB}$。描绘该滤波器的实际脉冲响应、窗函数特性，以及幅频响应特性曲线和相频响应特性曲线。

解： 凯塞窗参数由 $\beta=0.112(A_s-8.7)$ 来确定。使用子函数 fir1( ) 编写程序如下。

```
N=75;As=60;                     %输入设计指标
wp1=0.2;wp2=0.8;
ws1=0.3;ws2=0.7;
beta=0.1102*(As-8.7)            %计算 β 值
windows=kaiser(N,beta);         %使用凯塞窗
wc1=(ws1+wp1)/2;                %截止频率取归一化通带、阻带频率的平均值
wc2=(ws2+wp2)/2;
```

```
b=fir1(N-1,[wc1,wc2],'stop',windows);           %用 fir1()求系统函数系数
[db,mag,pha,grd,w]=freqz_m(b,1);                %求解频率响应特性
n=0:N-1;dw=2/1000;                              %dw 为频率分辨率
wp0=[1:wp1/dw+1,wp2/dw+1:501];                  %建立通带频率样点数组
Rp=-(min(db(wp0)))                              %检验通带波动
As0=-round(max(db(ws1/dw+1:ws2/dw+1)))          %检验最小阻带衰减
%作图
subplot(2,2,1),stem(n,b);
axis([0,N,1.1*min(b),1.1*max(b)]);title('实际脉冲响应');
xlabel('n');ylabel('h(n)');
subplot(2,2,2),stem(n,windows);
axis([0,N,0,1.1]);title('窗函数特性');
xlabel('n');ylabel('wd(n)');
subplot(2,2,3),plot(w/pi,db);
axis([0,1,-150,10]);title('幅频响应特性');
xlabel('频率(×\pi)');ylabel('H(e^(j\omega))');
set(gca,'XTickMode','manual','XTick',[0,wp1,ws1,ws2,wp2,1]);
set(gca,'YTickMode','manual','YTick',[-100,-60,-20,-3,0]);grid
subplot(2,2,4),plot(w/pi,pha);
axis([0,1,-4,4]);title('相频响应特性');
xlabel('频率(×\pi)');ylabel('\phi(\omega)');
set(gca,'XTickMode','manual','XTick',[0,wp1,ws1,ws2,wp2,1]);
set(gca,'YTickMode','manual','YTick',[-pi,0,pi]);grid
```

在 MATLAB 命令窗口中,将显示

```
beta =    5.6533
Rp   =    0.0159
As0  =    60
```

程序运行结果如图 5-19 所示。

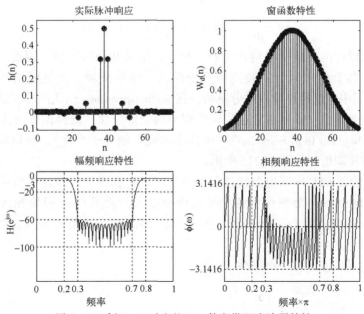

图 5-19 例 5-18 对应的 FIR 数字带阻滤波器特性

由 R_p、A_s 数据和曲线可知,用凯塞窗设计的结果能够满足设计指标要求。如果不满足设计指标要求,则可适当增加凯塞窗的长度。

5.4 RLC 电路系统的线性和时不变性的 Simulink 仿真

5.4.1 实验目的

1) 理解线性时不变连续时间系统的特性。
2) 掌握使用 Simulink 进行系统搭建和模拟的方法。

5.4.2 实验原理

本实验以理想元件搭建的 RLC 串联电路系统为例进行分析。RLC 串联电路系统是电容、电感和电阻以串联方式组成的电路,如图 5-20 所示,它多应用于电子谐波振荡器、带通或带阻滤波器等电路中。

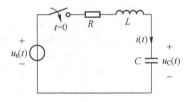

图 5-20 RLC 串联电路

假设电路中的开关在 $t<0$ 时一直处于断开状态,且电容和电感无初始储能,其中电阻 $R=5\,\Omega$,电容 $C=0.5\,\mathrm{F}$,电感 $L=10\,\mathrm{H}$。电压 $u_s(t)$ 为输入,回路中电流 $i(t)$ 为输出。在 $t=0$ 时,开关闭合,则当 $t>0$ 时,该系统的微分方程为

$$10\frac{\mathrm{d}^2 i(t)}{\mathrm{d}t^2} + 5\frac{\mathrm{d}i(t)}{\mathrm{d}t} + 2i(t) = \frac{\mathrm{d}u_s(t)}{\mathrm{d}t}$$

5.4.3 实验研究任务

本实验通过 Simulink 仿真初始状态为 0 的 RLC 串联电路系统的线性和时不变性。根据系统的数学模型,对方程两边进行一次积分,可得

$$10\frac{\mathrm{d}i(t)}{\mathrm{d}t} + 5i(t) + 2\int i(t)\mathrm{d}t = u_s(t)$$

从上式中可以看出,模型中包含求导、积分、倍乘和加法运算,因此,在建立此 RLC 电路的 Simulink 仿真模型时,需要调用积分模块、微分模块、比例模块和加法模块。在 Continuous 模块组中,选择积分和微分模块;在 Math Operations 模块组中,选择加法和增益模块,连接结果如图 5-21a 所示。选中该模型中的全部模块,选择图 5-21b 所示的快捷菜单项 "Create Subsystem from Selection" (由选中的模块创建子系统),可以将此模型生成一个子系统,以方便调用,如图 5-21c 所示。

图 5-22 为验证 RLC 串联电路线性和时不变性的仿真模型。在此模型中,由 Step 模块生成的 $u(t-5)$ 与 $u(t-6)$ 分别作为两个子系统的输入,利用 Gain 模块和 Add 模块生成的 $2u(t-5)+4u(t-6)$ 输入到第三个子系统中,最后,调用 Scope 模块显示三个子系统的输入和输出波形。

运行此模型后,仿真结果如图 5-23 所示。

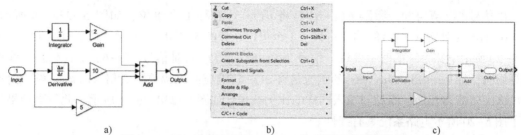

图 5-21 RLC 串联电路的 Simulink 仿真图及其子系统图

a) RLC 串联电路的 Simulink 模型 b) 子系统生成菜单项 c) 由 a) 生成的子系统

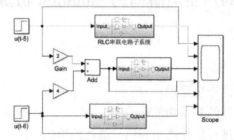

图 5-22 RLC 串联电路线性和时不变性仿真模型

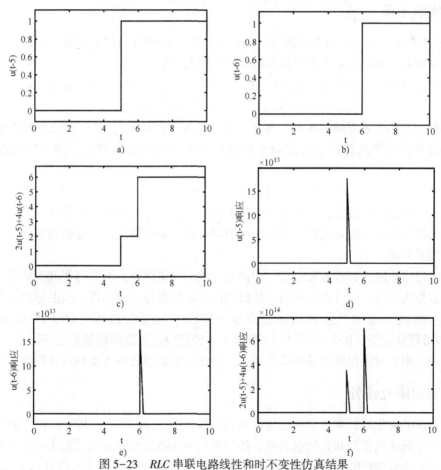

图 5-23 RLC 串联电路线性和时不变性仿真结果

a) $u(t-5)$ b) $u(t-6)$ c) $2u(t-5)+4u(t-6)$ d) $u(t-5)$响应 e) $u(t-6)$响应 f) $2u(t-5)+4u(t-6)$响应

由信号的运算可知，激励 $u(t-6)$ 是将 $u(t-5)$ 右移 1 个单位，如图 5-23a、b 所示。$u(t-6)$ 的响应是将 $u(t-5)$ 的响应右移了 1 个单位，如图 5-23d、e 所示，此仿真结果展示了图 5-20 所示电路系统的时不变性。信号 $2u(t-5)+4u(t-6)$ 是信号 $u(t-6)$ 与 $u(t-5)$ 的线性运算组合，而 $2u(t-5)+4u(t-6)$ 的响应是将 $u(t-5)$ 响应的振幅放大 2 倍、$u(t-6)$ 响应的振幅放大 4 倍后再相加，满足与输入同样的比例叠加，如图 5-23d、e、f 所示，此仿真结果显示了图 5-20 所示电路系统具有线性。

5.5 双音多频信号的产生与解码的 Simulink 仿真

5.5.1 实验目的

1) 掌握双音多频信号的产生原理。
2) 掌握不同类型滤波器的基本功能和特性。
3) 掌握使用 Simulink 进行信号产生和信号滤波的模拟。

5.5.2 实验原理

5.1 节中介绍了双音多频电话拨号音的产生原理，并用 MATLAB 编程方式进行了模拟仿真。本实验将采用 Simulink 生成双音多频信号的仿真模型。

根据国际电报电话咨询委员会（CCITT）的建议，双音多频信号的编码定义为

$$f(t) = K_1\sin(2\pi f_1 t) + K_2\sin(2\pi f_2 t)$$

式中，f_1 和 f_2 分别表示低频与高频，且 $0.7<K_1/K_2<0.9$，频率 f_1 和 f_2 的误差要小于 1.5%。根据不同拨号音的组成规律，将高频正弦信号与低频正弦信号相加，即可生成双音多频信号。

按键信号发送至交换机，需要经过双音多频译码后识别出要呼叫用户的电话号码。双音多频译码是其编码的逆过程，即将双音多频编码后按键信号中的高频分量和低频分量检测出来，再根据信号频率与拨号按键对应表即可识别号码。而要筛选出信号的频率分量，则需要借助滤波器来实现。

信号经过系统时，有时需要将信号中的某些频率分量保留，同时抑制其他频率分量，这个过程通常称为滤波，而具有这种频率选择功能的系统就称为滤波器。按照通过信号的频段范围不同，滤波器通常可分为低通滤波器（LPF）、高通滤波器（HPF）、带通滤波器（BPF）和带阻滤波器（BSF）。图 5-24 展示了 4 种理想滤波器的幅频响应特性。

实际中，根据所需保留信号的频率范围，选择合适的滤波器类型和截止频率。

5.5.3 实验研究任务

利用 Simulink 生成的双音多频信号的仿真模型如图 5-25 所示，其中，首先通过正弦信号发生器产生低频组信号和高频组信号，然后利用加法器从高频组与低频率组中各选取一个信号并相加，生成 DTMF 信号，最后利用 Scope 模块显示选取的高频组信号与低频组信号，以及双音多频信号的波形。本实验仿真"#"按键的双音多频信号，即选择低频组的 941 Hz

与高频组的 1477 Hz 的正弦信号并输入加法器叠加，同时设双音多频信号的编码定义式中 $K_1=4$，$K_2=5$。

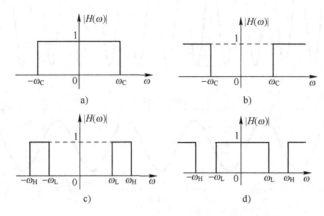

图 5-24　4 种理想滤波器的幅频响应特性
a) 低通滤波器　b) 高通滤波器　c) 带通滤波器　d) 带阻滤波器

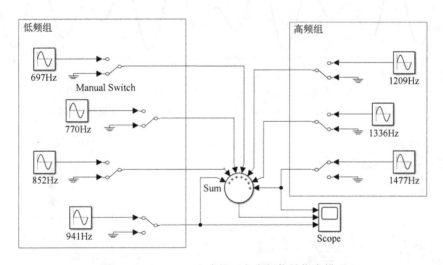

图 5-25　Simulink 生成的双音多频信号仿真模型

运行 Simulink 仿真模型后，仿真结果如图 5-26 所示，图 5-26c 为"#"按键的时域波形。

选取不同的频率组合，即可获得其他按键的信号波形。

由于每个拨号音均包含高、低两个频率分量，因此信号解码模型由低频分量滤波器组和高频分量滤波器组两部分组成。图 5-27 为利用 Simulink 建立的解码仿真模型，此处需要解码的号码为"2"。

本实验中仿真"2"的双音多频信号解码。在编码模型中，号码"2"的双音多频信号由低频组的 697 Hz 正弦信号与高频组的 1336 Hz 正弦信号叠加生成，其波形如图 5-28c 所示。

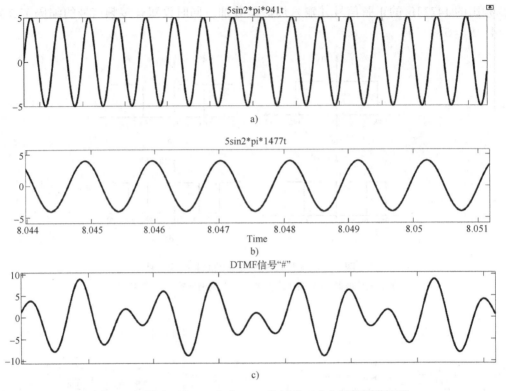

图 5-26　利用 Simulink 生成 "#" 按键的双音多频信号的波形
a) 941 Hz 正弦信号波形　b) 1477 Hz 正弦信号波形　c) "#" 按键的时域波形

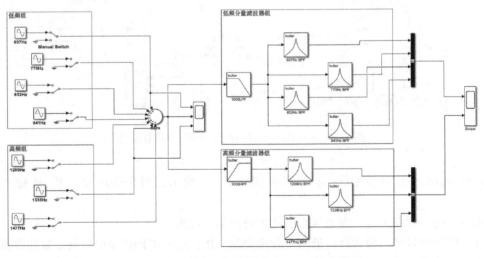

图 5-27　双音多频信号解码 Simulink 仿真模型

从图 5-27 所示的解码模型可以看出，低频分量滤波器组是由 1 个低通滤波器（截止频率为 1000 Hz）和 4 个并联的带通滤波器（中心频率分别为 697 Hz、770 Hz、852 Hz 和 941 Hz）组成的，高频分量滤波器组是由 1 个高通滤波器（截止频率为 1000 Hz）和 3 个并联的带通滤波器（中心频率分别为 1209 Hz、1336 Hz、1477 Hz）组成的。

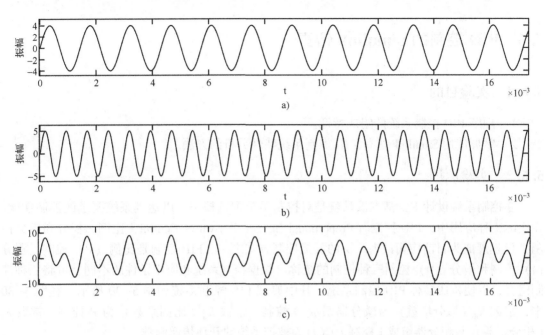

图 5-28 号码 "2" 的双音多频信号编码仿真结果

a) 697 Hz 正弦信号　b) 1336 Hz 正弦信号　c) 号码 "2" 的双音多频信号仿真图

Simulink 模型的仿真结果显示，由双音多频信号编码模型生成的信号经低频分量滤波器组筛选后，仅中心频率为 697 Hz 的带通滤波器有信号输出，如图 5-29a 所示；信号经高频分量滤波器组筛选后，仅中心频率为 1336 Hz 的带通滤波器有信号输出，如图 5-29b 所示。结合这两个频率即可知道，此时拨号信号为数字 "2"。

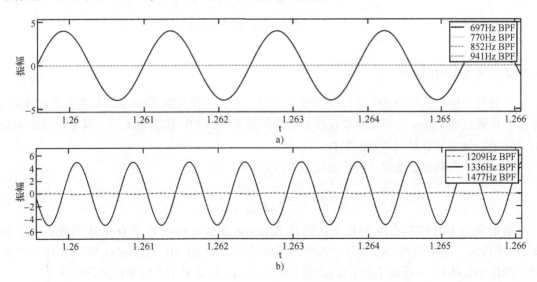

图 5-29 号码 "2" 的双音多频信号解码仿真结果

a) "2" 的双音多频信号 697 Hz 分量解码结果　b) "2" 的双音多频信号 1336 Hz 分量解码结果

5.6 PID 控制的 Simulink 仿真

5.6.1 实验目的

1) 理解 PID 控制系统的组成特性。
2) 掌握使用 Simulink 进行 PID 控制系统特性分析的方法。

5.6.2 实验原理

在控制系统设计中,基本设计就是对控制系统进行校正,以达到系统要求的控制性能。在实际工程应用中,PID 控制(Proportional Integral Derivative Control,比例、积分和微分控制)已发展成为目前应用最为广泛的反馈控制方式之一。PID 控制是比例(P)控制、积分(I)控制和微分(D)控制三种控制的统称。根据控制系统和应用条件的不同,可将三种控制组合,以便构成多种 PID 控制系统,其中典型 PID 控制系统如图 5-30 所示。在图 5-30 中,常数 K_d(微分增益)与微分器组成 D 控制,常数 K_p(比例系数)为 P 控制,常数 K_i(积分增益)与积分器组成 I 控制,$G(s)$ 为被控系统的开环传递函数。

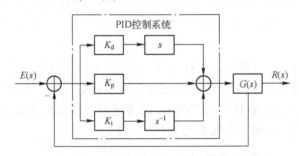

图 5-30 典型 PID 控制系统框图

5.6.3 实验研究任务

在对各种控制系统的特性进行研究和分析时,系统的单位阶跃响应是常用的典型响应。本实验中通过 Simulink 仿真实验来观察某电机调速系统经 PID 控制校正后,其单位阶跃响应的变化,以分析 PID 控制系统的特性。

假设某电机调速系统的开环传递函数 $G(s)$ 为

$$G(s) = \frac{300}{140.4s^2 + 9s}$$

根据典型 PID 控制系统的框图,通过 Simulink 建立此电机的 PID 调速系统模型,如图 5-31 所示,其中调用 Step 模块产生单位阶跃信号,调用 PID Controller 模块实现 PID 控制,调用 Transfer Fcn 模块生成 $G(s)$,最后调用 Scope 模块显示系统单位阶跃响应。

Transfer Fcn 模块如图 5-32a 所示。将该模块拖入工作区,双击它即可出现参数设置窗口,如图 5-32b 所示,其中"Numerator coefficients"为分子多项式按降幂排列的各项系数,"Denominator coefficients"为分母多项式按降幂排列的各项系数。

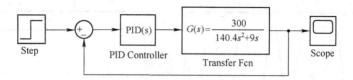

图 5-31　某电机 PID 调速系统 Simulink 模型

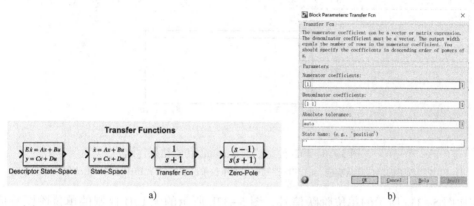

图 5-32　Transfer Fcn 模块及其参数设置

a）Transfer Fcn 模块　b）Transfer Fcn 模块参数设置

在仿真过程中，设置 PID 控制系统的 $K_p = 10$、$K_i = 0.1$ 和 $K_d = 15$，并组合这三个参数，得到 P 控制的增益：$K_p = 10$；PI 控制的增益：$K_p = 10$、$K_i = 0.1$；PD 控制的增益：$K_p = 10$、$K_d = 15$；PID 控制的增益：$K_p = 10$、$K_i = 0.1$、$K_d = 15$。

仿真模型运行后，仿真结果如图 5-33 所示。

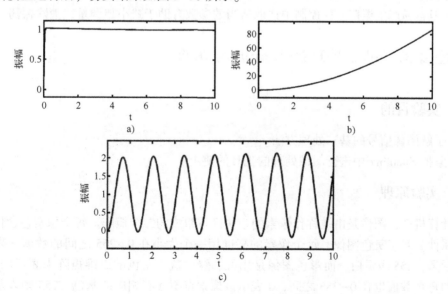

图 5-33　PID 控制校正 Simulink 仿真结果

a）单位阶跃信号　b）无 PID 控制的单位阶跃响应　c）P 控制校正的单位阶跃响应；

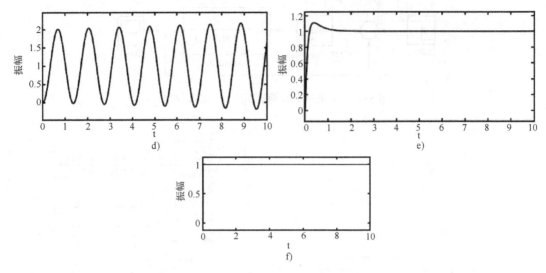

图 5-33 PID 控制校正 Simulink 仿真结果（续）
d）PI 控制校正的单位阶跃响应　e）PD 控制校正的单位阶跃响应　f）PID 控制校正的单位阶跃响应

相比图 5-33a 所示的单位阶跃信号，图 5-33b 所示的无 PID 控制的单位阶跃响应发生了失真。经过 P 控制校正和 PI 控制校正的响应波形分别如图 5-33c、d 所示，可以看出，系统的响应速度加快，但引起了响应的振荡，振幅最大值超过了单位阶跃信号的振幅，二者的差值称为超调量。经过 PD 控制校正的响应波形如图 5-33e 所示，可以看出，系统响应速度进一步加快，超调量减小，振荡消除。经过 PID 控制校正后，系统的响应速度继续被加快，减小了超调量，单位阶跃响应较接近输入的单位阶跃信号，如图 5-33f 所示。

通过上述对 PID 控制的仿真可知，P 控制和 I 控制中选取适当的参数有助于提高系统响应速度，但容易产生振荡；D 控制中选取适当的参数有助于减小超调量，消除振荡。

5.7　图像信号基本处理的 Simulink 仿真

5.7.1　实验目的

1）了解图像信号的基本处理方法。
2）掌握 Simulink 中进行图像处理的工具的使用。

5.7.2　实验原理

在计算机中，图像是由被称作像素的小块区域组成的二维矩阵。每个像素包含位置和灰度两个属性。对于灰色图像，每个像素的亮度用一个大小在 0~255 之间的数值来表示，其中 0 表示黑，255 表示白。而彩色图像是用红、绿、蓝三基色的二维矩阵来表示的。通常，三基色的每个数值也在 0~255 之间，0 表示该像素点不含有相应的基色，255 则表示该像素点的相应基色取到最大值。图 5-34 展示了灰度图像及其像素矩阵。图 5-35 展示了彩色图像及其 R、G、B 对应的像素矩阵。

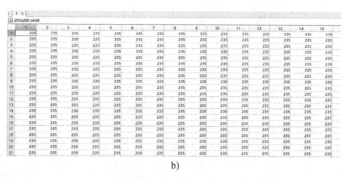

a)　　　　　　　　　　　　　　　　b)

图 5-34　灰度图像及其像素矩阵

a) 灰度图像示例　b) 灰度图像对应的像素矩阵

图 5-35　彩色图像及其 R、G、B 对应的像素矩阵

a) 彩色图像示例　b) R 基色对应的像素矩阵　c) G 基色对应的像素矩阵

```
    1 至 25 列
 69 83 63 44 31 20 16  4  8 13 16 17 19 17 17 16 13 25 29 14  5  6  8  2  0
 58 72 53 35 25 15 11  0  8 10 12 14 14 13 13 15 12 16 23 23 17  9  3  0  0
 51 64 45 30 24 15 13  1  5  7  9  6  7  9 10  9  9 18 28 28 14  1  0  0  0
 48 58 39 26 22 15 13  4  3  5  7  4  1  4  6  8  7 12 23 30 24 11  0  0  0
 46 53 32 23 18  9  7  1  3  5  4  1  0  0  1  4  3  8  9 12 20 30 23  8  0
 48 53 32 23 20  9  6  1  4  3  3  1  0  0  0  3  4 10  9  4 12 29 29 18  0
 50 51 31 22 19 10  8  3  2  3  3  0  0  0  1  3  6  5  2  5  6 25 25 11
 46 49 26 19 17  6  7  3  4  5  7  4  1  1  0  1  5  1  3  9 11 11 19 27 28
 36 31 23 17 10  5  7  3  2  5  6  2  1  0  0  4  5  2  7  8  9 12 26 22 24
 31 27 21 15  9  5  2  2  1  3  6  6  4  3  2  2  5  5  7  8 10 14 19 21
 25 22 18 13  9  5  3  1  0  4  8  7  6  5  5  4  6  5  7  5  5  6  9 11 14
 24 20 15 11  9  5  5  5  3  7 10  9  4  7  5  5  6  5  4  2  1  3  5  8
 23 20 14  9  5  6  6  8  7 10 13 11  9  7  5  4  6  5  5  3  0  0  2  4
 22 17 11  7  4  3  4  4 10 12 14 13 13  9  6  6  4  5  4  1  0  0  0  0
 19 16 14  9  6  3  1  0 10 14 13  9  8  6  4  3  5  3  5  3  0  0  0  0
 17 15 17 17 15  8  9  6 10 12 12 11  9 11 10  5  5  6  6  5  3  4  5  0
  8  8  7  7  8  6  3  5  5  4  7  7 11 11 12 11 10 11 11  8  6  6
```

d)

图 5-35 彩色图像及其 R、G、B 对应的像素矩阵（续）

d) B 基色对应的像素矩阵

常用的图像处理方法介绍如下。

1) 图像增强和复原：提高图像质量。图像增强不考虑图像降质的原因，突出图像中感兴趣的部分；图像复原则要求对图像降质的原因有一定的了解，通常采用滤波等方法，恢复或重建原来的图像。

2) 图像变换：将图像空间域的处理转换为变换处理，以减少计算量。常用的变换有傅里叶变换、沃尔什变换、离散余弦变换、小波变换等。

3) 图像压缩编码：减少描述图像的数据量，以便节省图像传输、处理的时间和存储空间。

4) 图像分割：将图像中有意义的特征部分提取出来，以进一步进行图像时变、分析和理解。

5) 图像识别：利用计算机对图像进行处理、分析和理解，以识别不同模式的目标和对象。它是一种应用深度学习算法的实践。

5.7.3 实验研究任务

MATLAB 中提供了命令方式的图像处理方法，用户可以调用 Image Progressing Toolbox 中提供的函数或者自定义函数来对图像进行处理。Simulink 则提供了框图式的处理方法，即可以使用计算机视觉工具箱中的模块集。双击 Simulink 模块库中的"Blocksets & Toolboxes"图标，在左侧列表中选择"Computer Vision Toolbox"，即可打开计算机视觉工具箱的模块组，如图 5-36 所示。该模块组中包含了 Sources（图像源）、Sinks（图像显示）、Analysis & Enhancement（分析和增强）、Conversions（图像转换）、Transforms（图像变换）等常用模块。

本实验采用 Simulink 仿真模块实现图像的读取、显示、简单变换、平滑增强和边缘检测。

1. 图像的读取、显示

使用计算机视觉工具箱中 Source 模块组提供的 Image From File 模块读取图像，并将输出直接连接到 Sinks 模块组的 Video Viewer 模块，即可显示图像文件，如图 5-37a 所示。双击读取模块，弹出其参数设置，可以选择读取图像的路径，单击运行按钮，就会弹出如图 5-37b 所示的图像显示窗口。

第 5 章 综合应用型实验

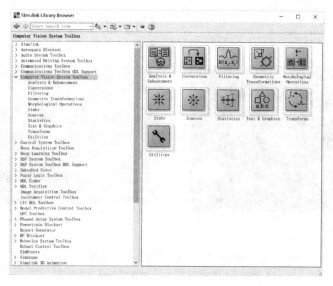

图 5-36 计算机视觉工具箱的模块组

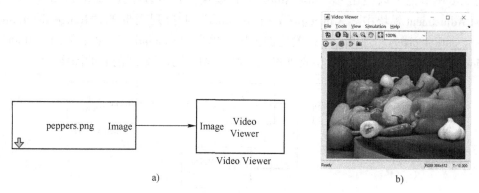

图 5-37 图像的读取、显示系统示例
a) 图像的读取、显示系统模块 b) 图像显示窗口

2. 图像的简单变换

计算机视觉工具箱中的 Conversions 模块集提供了图像的颜色空间转换、图像几何尺度变换等工具。本实验中将彩色图像转换为亮度图像,并采用 Gamma 校正对图像的对比度进行调节,如图 5-38 所示。图 5-39a 为转换后的亮度图像,图 5-39b 为对比度调节后的图像。

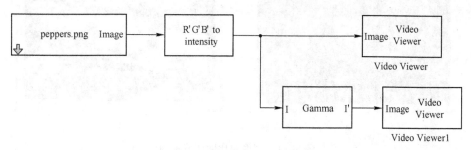

图 5-38 图像的简单变换系统

209

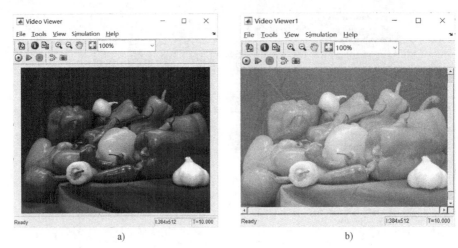

图 5-39　图像的简单变换结果

a）转换后的亮度图像　b）对比度调节后的图像

对比度调节也可以使用 Contrast Adjustment 模块，其仿真模型如图 5-40 所示。选择 Contrast Adjustment 模块中"Adjust pixel values from"下拉列表框的"Range determined by saturating outlier pixels"选项，可设置比例范围。单击"Simulation"菜单下的"Model Configuration Parameters"，可以设置仿真器参数。图 5-41 展示了处理前后的图像。

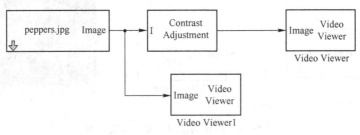

图 5-40　使用 Contrast Adjustment 模块进行对比度调节

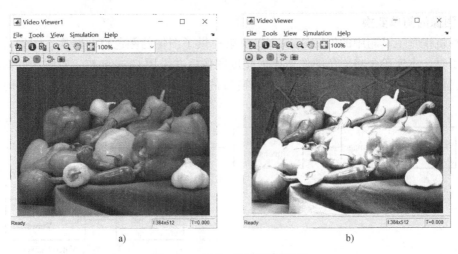

图 5-41　图像对比度调节示例

a）原图像　b）调节后的图像

3. 图像的平滑增强

图像的平滑处理一般通过低通滤波实现,其目的主要是去除图像中的噪声,以增强效果。图 5-42 为图像平滑增强的仿真模型。

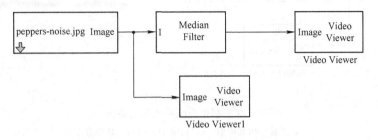

图 5-42　图像平滑增强的仿真模型

在此仿真中,滤波器参数采用默认设置,结果如图 5-43 所示。图 5-43a 为含有椒盐噪声的图像,图 5-43b 为经过 Median Filter 模块处理后的图像,显然,噪声去除效果较为理想。

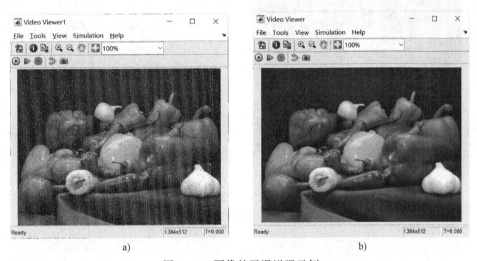

图 5-43　图像的平滑增强示例
a) 含椒盐噪声的图像　b) 平滑增强后的图像

4. 图像的边缘检测

边缘检测是图像分割、目标区域识别、区域形状提取等图像分析领域的重要基础。边缘是指灰度有阶跃变化或"屋顶"变化的像素的集合。由于边缘发生在图像灰度值变化比较大的地方,因此对应函数梯度较大。常用的边缘检测方法是构造对像素灰度级阶跃变化敏感的微分算子,如 Sobel 算子、Roberts 算子、Prewitt 算子等。本实验采用 Sobel 算子进行边缘检测,仿真模型如图 5-44a 所示。双击 Edge Detection 模块后,可以进行相关参数设置,如在 "Method" 下拉列表框中选择不同的微分算子,如图 5-44b 所示。

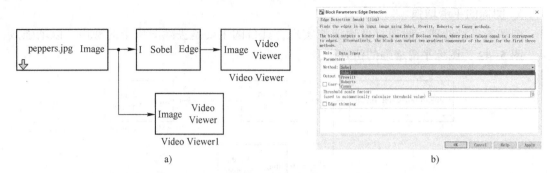

图 5-44 图像边缘检测仿真系统

a) 边缘检测仿真模拟 b) Edge Detection 模块参数设置

图 5-45 展示了边缘检测仿真程序运行前后的图像。

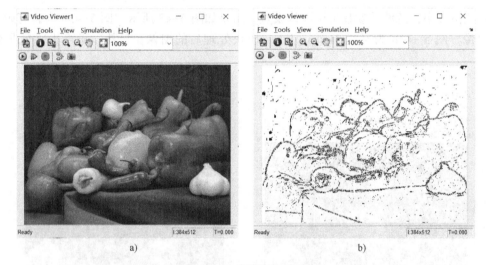

图 5-45 边缘检测前后图像

a) 原图像 b) 边缘检测结果图像

参 考 文 献

[1] 贾永兴，朱莹，等．信号与系统［M］．北京：清华大学出版社，2021．
[2] 龚晶，许凤慧，卢娟，等．信号与系统实验［M］．北京：机械工业出版社，2017．
[3] 王小扬，孙强，王琦，等．信号与系统实验与实践［M］．3版．北京：清华大学出版社，2021．
[4] 陈锡辉，张银鸿．LabVIEW 8.20程序设计从入门到精通［M］．北京：清华大学出版社，2007．
[5] 陈怀琛．数字信号处理教程：MATLAB释义与实现［M］．北京：电子工业出版社，2004．
[6] 王尧．电子线路实践［M］．南京：东南大学出版社，2000．
[7] 陈怀琛．MATLAB及其在理工课程中的应用指南［M］．西安：西安电子科技大学出版社，2004．
[8] 梁虹，梁洁，陈跃斌，等．信号与系统分析及MATLAB实现［M］．北京：电子工业出版社，2002．
[9] 党宏社．信号与系统实验：MATLAB版［M］．西安：西安电子科技大学出版社，2007．
[10] 刘舒帆，费诺，陆辉．数字信号处理实验：MATLAB版［M］．西安：西安电子科技大学出版社，2008．
[11] 谷源涛，应启珩，郑君里．信号与系统：MATLAB综合实验［M］．北京：高等教育出版社，2008．